日本で見られる50種類のチョウを美少女化☆

ワカバ

「新宿から長野行きの高速バスに乗れば、３時間くらいだよ」
私たちは生物部の外部顧問ぽんぽこ先生に指示された原っぱ村に向かっている。
バスの隣の席にはハナ先輩が座っている。
新入生の昆虫観察ツアーには、
先輩が一緒に来て案内してくれることになっているんですって…。
「原っぱ村って、どんなところですか？」
「ムシの観察って？」
「チョウは、何種類くらい見られるんですか？」
いろいろ聞いても「まぁ、行けばわかるよ」というだけでくわしく教えてくれない。
高校に入ってすぐにハナ先輩に声をかけられて入部した生物部。
『新入生歓迎☆初心者体験ツアー』って一体どんなことが起こるんだろう…。

ハナ

「ムシを観察するって、どんなことをするんですか？」
楽しそうに質問してくる新入部員のワカバさんと一緒に高速バスで長野に向かう。
目的地は我が生物部の外部顧問ぽんぽこ先生に指示された原っぱ村。
そこから秘密のルートをたどってたくさんのチョウを観察する予定だ。
１年生には必ず参加してもらっている『新入生歓迎☆初心者体験ツアー』にイザ出発！

美ちょうちょたちの庭にようこそ

とうちゃーく！ようこそ原っぱ村へ！
パッと見は雑草ばかりに見えるけど、実はチョウたちの食草だらけなんだよ。
この庭の食草をたどっていけば、日本全国どこでもチョウの生息地に行けるんだよ！

ハナ先輩…いくらわたしが子どもっぽいからって、そういう冗談は…

まぁまぁ、いっぺん体験してみればわかるって♪

❶ヤマナラシ
（オオイチモンジp.110 コムラサキp.130）

❷オニシモツケ
（コヒョウモン）

❸コナラ
（ミドリシジミp.84 アカシジミp.90）

❹クララ
（オオルリシジミ ルリシジミ ウラギンシジミp.72）

❺シモツケ
（フタスジチョウ ホシミスジ）

❻タムラソウ
（ヒョウモンモドキ）

❼アカバナシモツケソウ
（コヒョウモン）

❽ウスバサイシン
（ヒメギフチョウ ギフチョウp.20）

❾ツルフジバカマ
（ヒメシロチョウp.54）

❿キリンソウ
（ジョウザンシジミ）

⓫クロツバラ
（ヤマキチョウp.66 スジボソヤマキチョウp.67）

⓬ウメ
（カラスシジミ オオミスジp.135）

＊植物名の後に続くカッコ内は、それを食草とするチョウの名前。

美ちょうちょ図鑑　ガイド役紹介

野山を可憐に彩る美ちょうちょたちを巡る不思議なツアーを体験するのは、
とある高校の生物部の先輩と後輩。
この昆虫女子２人と顧問の先生が本書の案内役です。

ハナ

生物部の先輩。ギャルっぽい外見のために、高校では「純真そうな女子を誘ってはイケナイ遊びに連れ出している」とウワサされている。実は、ただ女の子の恥ずかしがる姿が好きなだけ。チョウが交尾しているところを女の子に見せては恥ずかしがらせて喜ぶ趣味がある。昆虫研究者の兄が大好きで尊敬している。

ワカバ

生物部の新入生。チョウに関しては初心者。胸のあたりの発育が良い。妄想癖があり、妄想し始めると止まらない。どのチョウを見ても美少女キャラに見えてしまい、スケッチブックに『観察日記』と称して可愛いイラストをたくさん描いてしまう。

ふわぁ〜、イメージがはかどります！

部員からは、「ぽんせんせー」とも呼ばれてるよ

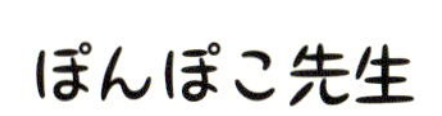

ぽんぽこ先生

高校生物部の外部顧問で、部員たちの質問に何でも答えてくれる頼もしい存在。原っぱ村でネイチャーガイドやチョウの保護活動に駆け回っているので、今回はスマホでハナとワカバを案内する。観察したいチョウの生息地へいつでもアクセスできる「美ちょうちょたちの庭」を管理している。
「どこに行きたいのかわからないんなら、美ちょうちょたちの庭のどの道を行ってもOKさ！」

美ちょうちょが好んで集まる場所

これから紹介するチョウの中から、代表として９種類をピックアップしてみました。
これらのチョウたちに出会うには、どんな場所に行けばよいでしょうか？

ジャコウアゲハ

ギフチョウ

エゾシロチョウ

ウラギンシジミ

ゴイシシジミ

オオムラサキ

コムラサキ

ルリタテハ

アオバセセリ

＊ハナ先輩とぽんぽこ先生には昆虫のチョウに見えるが、ワカバにはすべてのチョウが美少女に見えてしまう。美ちょうちょたちはそれぞれが分類されている科を象徴するハネの形をした「バタフライ・エフェクト」を背中に表示できる。

幼虫の食べる食草を覚えれば、より出会うチャンスが増える！

ジャコウアゲハの食草・ウマノスズクサ

ギフチョウの食草・カンアオイ

エゾシロチョウの食草・プラム

ウラギンシジミの食草・クズ（花やつぼみ）

ゴイシシジミのエサとなるササコナフキツノアブラムシやタケツノアブラムシがつくササ。

オオムラサキの食草・エノキ

オオムラサキ、コムラサキ、ルリタテハの成虫が好む樹液を出すコナラ。

チョウの幼虫がエサにする植物を食草と呼びます。特定の草木の葉や花を食べて育つものが多いのですが、アリマキ（アブラムシ）やアリの幼虫などの小さな昆虫をバリバリ食べてしまうゴイシシジミのような肉食系の幼虫もいます。成虫のチョウになってからは、花の蜜、木の樹液や熟した果物の汁などを吸いにきます。湿っている地面などで水を吸うこともあり、「吸水行動」と呼ばれます。食草の周辺で卵を産むためにやってくるチョウとの出会いを待つのもよい方法です。

ジャコウアゲハとウマノスズクサ

ギフチョウとカンアオイ

なまらうまそうな
葉っぱだわ～

エゾシロチョウとプラム

ウラギンシジミとイチョウ

今日のデザートは
やっぱりカラアゲね

ゴイシシジミとササ

オオムラサキとコナラ

コムラサキとヤナギ

ルリタテハとひなたぼっこ用の石

アオバセセリとアワブキ

素敵な美ちょうちょさんたちを発見！
見えてきましたぁ～～

とっても個性的ですね、さっそくスケッチブックに描かなくっちゃですぅ

コムラサキの食草・ヤナギの仲間

樹木の葉を食べる場合、食樹って呼ぶこともあるのよ

とりあえず代表的なものを挙げたけど、何種類もの植物を食べるものや１種類だけのもいて、観察していくと植物にもくわしくなれそう～

いろいろなチョウが吸蜜（きゅうみつ）（＝蜜を吸うこと）に好んでやってくるブッドレアの花。

美ちょうちょさんたちは、食べものがと～ってもかたよってるんですねえ…にっ肉食のもいるなんて、しんじられません…

ルリタテハの食草・ホトトギス

アオバセセリの食草・アワブキ

もくじ　本書に登場する50種類の美ちょうちょ

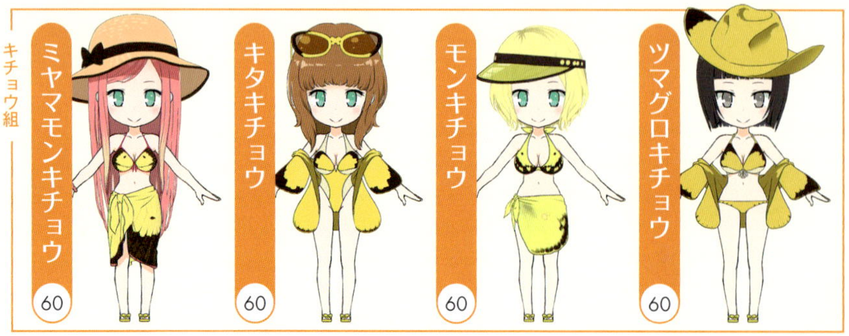

美ちょうちょマンガ

本書に登場するキャラたちが『美ちょうちょの世界』で繰り広げるもう一つの物語！ ほんわかするエピソードが各科の最後のページに設けてあります。

チョウの基礎知識 チョウって何？

私たちは当然のようにチョウといっているが、「チョウって何さ？」と問われれば、「虫で粉のあるハネがあって蛾(ガ)じゃないヤツ」と答えるのだろうか？…それでおおむね正しいと思う。生物学的な位置づけは動物界・節足動物門・昆虫綱・鱗翅目＝（チョウ目）となる。羽の粉＝鱗粉を顕微鏡で見ると、まるで魚の鱗（ウロコ）のように見えるので鱗翅目とされる。漢字が難しいからなのか、近年はチョウ目ということが多くなったようだ。そのチョウ目の中のごく一部が俗にいう「ちょうちょ」で、チョウ目の大多数は忌み嫌われることの多い「ガ」である。日本人は感性が豊かで「チョウとガ」を感覚で分けてしまうのだ。
「ハネを開いて止まるのがガ、閉じて止まるのがチョウ」「暗い時間に飛ぶのがガ、明るい時間に飛ぶのがチョウ」と考えるのは非常に例外が多く、「都市伝説」のたぐいだ！ どこで区別するかといえば、触角の形で分けられる。スプーン型やバット型がチョウ。糸状や羽毛・櫛（クシ）型がガなのだ（例外もある…生物の世界は例外が多い）。

各部位の呼び名

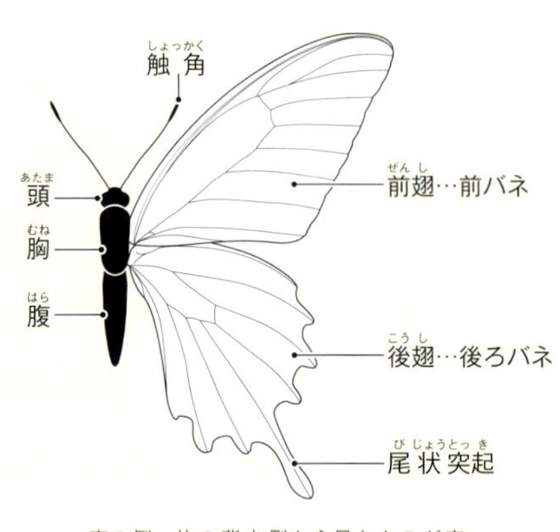

表の例…体の背中側から見たものが表、脚のほうから見たものが裏。

＊おおむねメスのほうがオスより大きい傾向にある。エサの量、地域や羽化した季節などで大きさに違いが出る。

触角の形の違い

チョウ

スプーン型やバット型

ガ

糸状や羽毛・櫛（クシ）型

チョウのサイズ

日本産のチョウの最大種は？ と聞かれると困ってしまう。ハネのつけ根から先端までの長さ（前翅長）だけでいえば、意外にもオナガアゲハの♀が大きい。 面積も考慮すれば、ナガサキアゲハの♀だろうか？ 個体差はあるが、ミヤマカラスアゲハ（屋久島産）の♀に90mmを優に超える巨大なものが見られるので、最大種の一つとして挙げておく。最小の種は？ たぶんホリイコシジミだと思う。相当にアバウトな表現だが、小指の爪サイズと思えばよいだろう。チョウは幼虫時代の天候やエサ、各種の条件が良いと巨大化することも多く、逆にエサ不足など条件が悪くなると「いじけて」極小化してしまう。

チョウは『変態』する

チョウ目の成長過程は理科の時間に習った『完全変態』だ。不完全変態と性癖の「変態」ともゴッチャになってこんがらがるし、口に出すと「変態」という単語もめっちゃ恥ずかしい！メタモルフォーゼなどの横文字はカッコイイのに、もっと呼びやすい日本語はないのかと思う。チョウ目は完全なる変態なワケで、卵→幼虫(幼虫期はイモムシ型で何回か脱皮)→蛹(サナギorマユ)→成虫と段階を踏んでいく。劇的な変態により姿を変えて成長する昆虫なのだ。

＊若齢幼虫＝卵から孵化した幼虫＝1齢幼虫ともいう。1回めの脱皮をした幼虫＝2齢幼虫、2回めの脱皮をした幼虫＝3齢幼虫…というように脱皮をするたびに呼び名の数が増えていく。終令幼虫＝サナギになる前の幼虫のこと。

完全変態

アゲハ

卵

4～5回脱皮

幼虫

5齢くらいで緑色になる

サナギ

成虫

不完全変態

カマキリ

卵

小カマキリ

中カマキリ

大カマキリ

羽が生えそろったら成虫！！

チョウのレア度について

各チョウに出会えるかどうかの目安を★で表記している。

★・・・・・全国に広く分布をしている普通種。都会のわずかな緑でも見られる。

★★・・・・分布は限られるものの普通種。街中でも出会えるチャンスがある。

★★★・・・分布は広いが、自然環境がそこそこ残された場所に行かなければ見られない。レアとはいえないがナカナカよい！

★★★★・・分布は限られ、特定の場所にしがみつくように生きているレアな種。時期・場所・環境のリサーチがしっかりしていれば出会える確率は高い。

★★★★★・これぞスーパーレア種！ ピンポイントな分布で時期や天候などの条件がそろっていても振られることが多い。なかなか降臨してくれない。

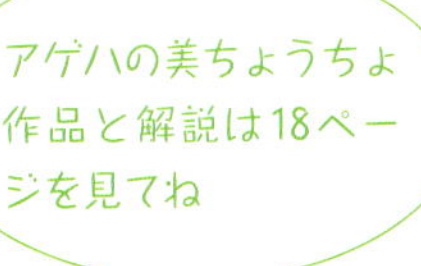

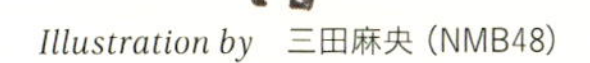
Illustration by 三田麻央（NMB48）

＊それぞれの科の導入にはIntroductionを設けて、チョウの特徴や飛び方などを解説している。各チョウの分類は厳密にいうと学術的ではないが、わかりやすいように大まかに分けて解説している。チョウをはじめ、自然界では例外も多いのが特徴。

現実のチョウと美ちょうちょの関係について

美ちょうちょ世界のキャラクターとして表現されたオオムラサキ。ハネをモチーフにしたドレスをまとう「大女優」として描かれている。背中にタテハチョウ科シンボルマークの「バタフライ・エフェクト」を表示したもの。キャラクターを実際の樹木の上に設置して撮影した写真。

キャラクターの美ちょうちょたちとその世界は、あくまでも案内役のワカバの目を通して見たチョウの姿でほかの案内役たちには見えず、ワカバの描くスケッチ（観察日記）で表現されたもの、ということになっている。実際のチョウはかなり限定された場所にしかいないものが多い。同じ科で姿かたちの似たチョウたちをグループ化してイラストにしていても、生きているチョウは一緒の場所や時期では観察できないケースがほとんどだ。

カタカナ表記の例

読みやすくするために、名称をカタカナ表記にしているものがある。昆虫のハネは専門用語では「翅」を使うが、読みやすく目立つようにカタカナで記載した。オスやメスを指す言葉は、必要に応じて記号に置き換えている。

蝶→チョウ　翅→ハネ　蛹→サナギ
オス＝♂　メス＝♀

美ちょうちょの紹介例

キャラクターの設定画

ハネの参考イラスト

本書はキャラ図鑑なので、主役はイラストである。あえて標本写真は小さめに紹介し、活動しているチョウの様子をとらえた図版を「生態写真」として掲載している。ハネ部分は衣装デザインに重要な要素の一つなので、特徴がわかりやすいようになるべく平均化した〔ハネの参考イラスト〕として描き起こしている。

＊ハネの参考イラストは、翅脈で分割された小さな部屋ごとに決まったパターンで斑紋が並んでいる。チョウの個体ごとにそれぞれ少しずつ形や濃さに差があるが、特徴が理解しやすいように平均化している。
よく出てくる「個体」という言葉は、個々の生物の「一匹（一頭）」のことを指している。

タテハチョウ科のシンボルマーク

各イラストレータの制作した頭身アップの作品例

チョウのイラストは全員美少女

現実のチョウは左右20cmもいれば、数ミリの小さなチョウもいる。本書の美ちょうちょ世界では、多少の身長差はあってもほぼ同じ大きさで表している。
登場する美ちょうちょはオスでもメスでも、全部「美少女」イラスト化されている。設定画は３頭身の共通ミニキャラから著者がデザイン。主要美ちょうちょについては、設定画に基づいて担当イラストレータが頭身の高いキャラクターイラストを創作している。

標本写真

科を象徴するハネと実際のハネを背中に格納！

それぞれの美ちょうちょが属する「５つの科」を象徴化したシンボルマークを各章の扉に掲載した。これは「バタフライ•エフェクト」ですべてのキャラクターの背中に共通してついているが、各チョウの解説ページの設定画ではハネは非表示になっている。頭身の高いキャラの場合、実際のチョウのハネをつけている場合もある。かなりハイテンションなシチュエーションの場合、ついつい実際のハネを出してしまう、という設定。

＊チョウの写真について
氏名が表記されている写真以外は、監修者山本勝之氏が撮影。
標本は監修者収蔵のコレクションより選出したものを掲載している。

アゲハチョウ科

子ども時代に食べていた食草のカンアオイを訪問中のギフチョウ。
新しい卵を託しに来たのかも…。

Introduction ぽんぽこ先生が語る『アゲハチョウ科』とは?

角出す幼虫が美麗チョウに変身

アゲハチョウ＝大きくて立派。しっぽ（尾状突起）がある黄色や黒い蝶。そんなイメージだろうか？ 日本のアゲハチョウ科（科＝目の下のカテゴリー）は、ウスバシロチョウ亜科（亜科＝科の下のカテゴリー）とアゲハチョウ亜科の２つに大別できる。
日本のアゲハチョウ科のサナギは帯蛹と言い、サナギの背中に糸を帯状に掛け、尾の端も固定する。アゲハチョウ科の幼虫をつつくと、頭部から「にょき〜！」と臭い角（臭角）を出すのも特徴の一つだ。幼虫を突いて臭角が出たら…「おぉ！この幼虫はアゲハチョウ科だな！」と自慢できる。

1 ウスバシロチョウ亜科
- ・ウスバシロチョウ族
- ・タイスアゲハ族 ── ギフチョウ属 / ホソオチョウ属

アゲハチョウ亜科
- 2 ジャコウアゲハ属・ベニモンアゲハ属
- 3 アゲハチョウ族
- 4 アオスジアゲハ族

＊族＝亜科の下のカテゴリー
属＝族の下のカテゴリー

すご〜く大ざっぱに４グループに分けて紹介するのだ！

1 ウスバシログループ

ウスバシログループは「シロチョウ」と書くが、アゲハチョウの仲間だ。ギフチョウやウスバシロチョウなどの原始的形態を維持した種が多く、飛翔は比較的ゆるやかで春に現れる種が多い。ウスバシロチョウなどは硬い殻を持つ卵で越冬する。簡単なマユを作り、その中でサナギになるなど、アゲハチョウ科としては例外的だ。

ギフチョウ（ウスバシログループ　p.21参照）

2 ジャコウグループ

幼虫が食べる植物の毒を体内にため込む「毒蝶」で、卵からして赤く、いかにも「私、毒持ってます」と宣言しているようだ。幼虫もゴムのオモチャのようで、これまた毒虫っぽく『食べるな危険』といったところだ。飛び方は非常にゆるやか。越冬はサナギ。ジャコウアゲハのサナギは怪談の皿屋敷に結びつけられて「お菊虫」と呼ばれる。存在感バッチリ！

ジャコウアゲハ♀（p.16参照）
Photo by 林晃

ジャコウアゲハのサナギ「お菊虫」は、背中のオレンジ色の塊を帯のお太鼓結びに見立てている。

チョウの飛び方

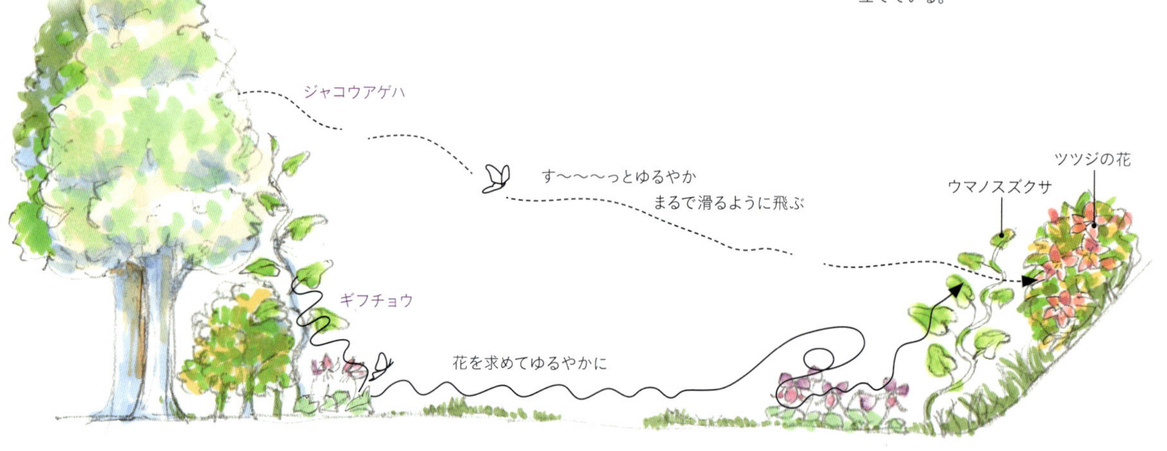

3 アゲハグループ

ミカン科やセリ科の葉を食べ、非常に身近で触った経験がある人が多いだろう。飛び方は花を訪れたとき以外は力強く速い。冒頭に書いたアゲハチョウのイメージ通りで、アゲハやミヤマカラスアゲハなど、まさに「スワローテール」そのもののグループ！ 尾状突起のないナガサキアゲハもこのグループ。黄色＋黒、黒＋白、紫～緑青などのアゲハがここに含まれる。卵はピンポン玉状でツルリと丸い。越冬はサナギ。

4 アオスジグループ

非常にシャープな翅型（ハネがた）でカッコイイ！ 日本産には尾状突起がなく、飛ぶのがめっぽう速い。シャープな翅型は素早く飛翔するために余計な部分を削ぎ落とした結果だろう。分布はやや南方に偏るが、アオスジアゲハの食樹（幼虫が食べる木）のクスノキが街路樹に多く利用されるので街中で見かけることが多くなった。このグループの卵もピンポン玉状で丸い。越冬はサナギ。

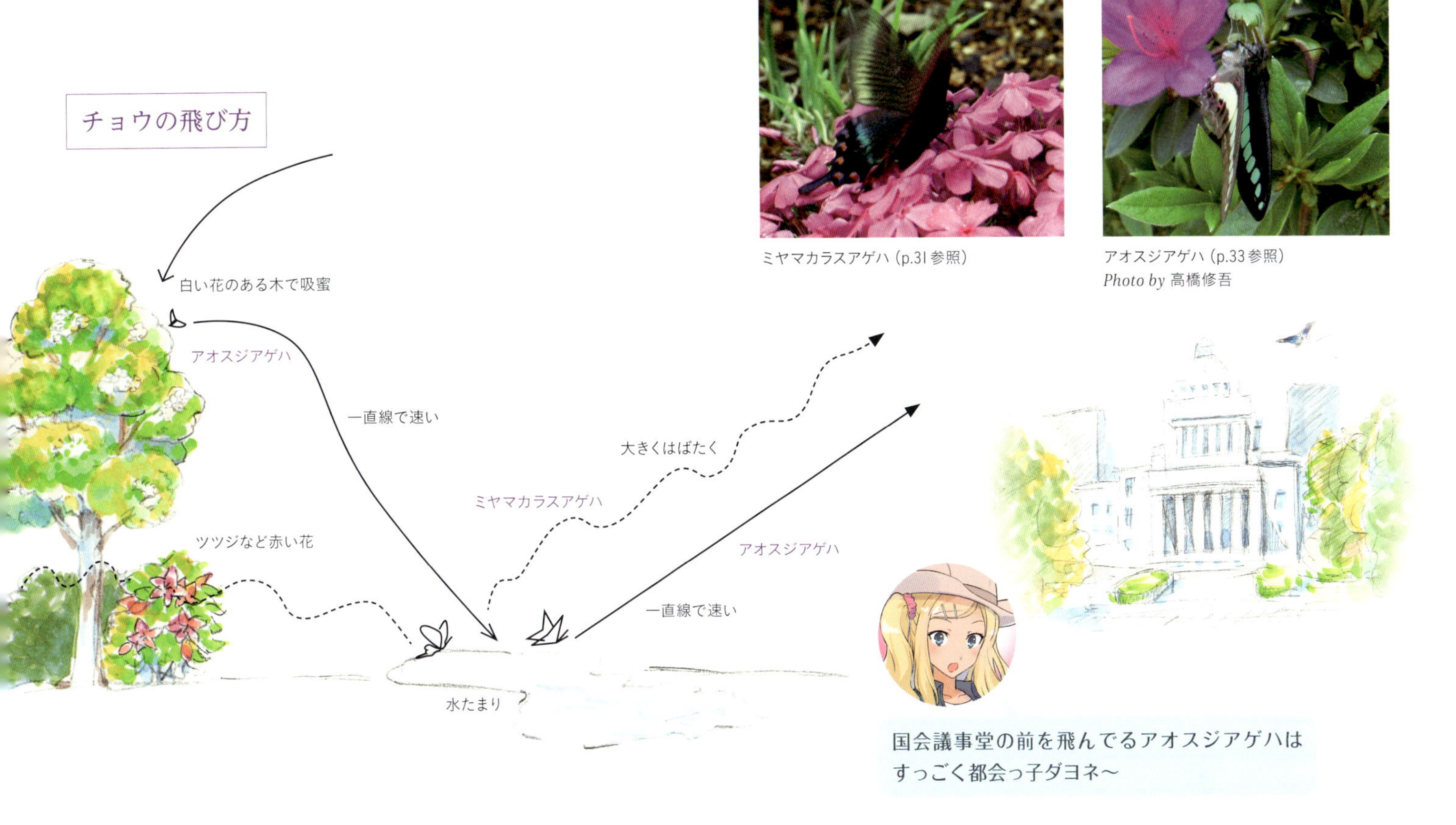

ミヤマカラスアゲハ（p.31参照）

アオスジアゲハ（p.33参照）
Photo by 高橋修吾

《ぽんぽこ先生からの出題》

ジャコウアゲハのオスとメスが並んでいます。雌雄を当てることができるかな？

鳥のクジャクなどは、オスが美しくってメスが地味っていうのは知ってるよね。じゃあ、チョウはどうでしょうか？ 早速ですが、出題です。

大きなチョウが2匹止まってるねぇ、どちらがオスなのかな

えーっと…どっちも可愛い女の子じゃないですかぁ

えっ、
ワカバちゃん、アンタには、
ドレスを着たキャラに見えるの？

Illustration by うりも

漆黒の豪華なハネがオス！ 油紙のような色がメス！

ぽんせんせー、油紙ってなあに？

傷に塗った薬品が染み出さないように、包帯を巻く前にはさむ防水用の紙だよ。クラフト紙みたいな色だよね

ジャコウアゲハ

ジャコウアゲハ

レア度 ★★★

食草 ウマノスズクサ科

東北北部～八重山（やえやま）諸島に分布（高寒冷地では稀）。荒地や土手に幼虫の食べる植物（ウマノスズクサ p.4参照）が生えるのでそのような場所に見られ、ツツジなどの花を好んで蜜を吸いに訪れる。優雅で非常にゆるやかな飛翔を見せ、まるで「捕まえてごらん！」と誘うような飛び方をする。♂を捕えると独特な良い香りが漂うので、この匂いを香水の原料の『麝香（ジャコウ）』にたとえて、「ジャコウアゲハ」という名前になった。観察すると腹部に毒々しい赤色の斑紋（はんもん）があることに気がつく！「毒々しい！」と感じる本能的な直感は正しく、毒チョウの一種。食草に含まれる毒を体に濃縮蓄積している。

交尾中の♀と♂
Photo by 中村なおみ（パルナ）

ジャコウアゲハ ゴシック&ロリータドレスの魅惑的なスタイル

ツヤ消しの黒いドレスには、後ろバネの特徴的な長い尾状突起（びじょうとっき）をつけ、アクセントに赤い斑紋を入れている。

食草のウマノスズクサに卵を産みにきた♀。

ジャコウってどんな素敵な香りがするんでしょ、ゴスロリのドレスを着た神秘的な美少女が並んでいて…見とれてしまいますぅ

ツヤ消しのベージュに黒い縁取りをした色違いのドレス。肩の部分にパフスリーブを加えて、女の子らしいエレガントさを演出。

食草の上を優雅に飛ぶ美ちょうちょのジャコウアゲハ♂。

ゴシック調のステンドグラスで飾られた教会にひとり佇むアゲハのお嬢様（♂）。

Illustration by 三田麻央（NMB48）

アゲハ　ゴシックドレスのお嬢様

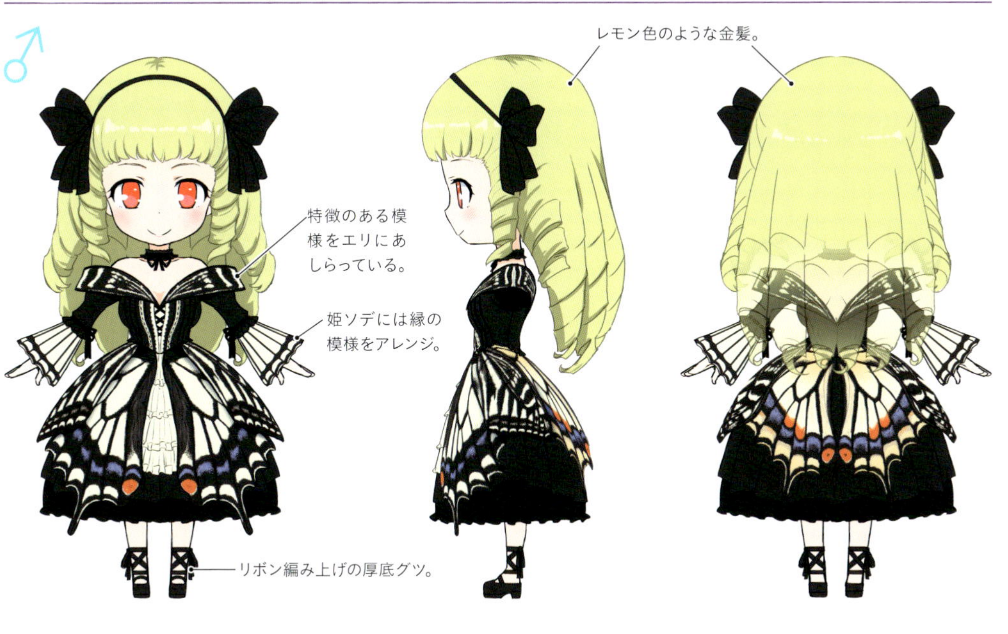

アゲハとキバナコスモス。　*Photo by* 松下大介

花の蜜を吸うキアゲハ。　*Photo by* 高橋修吾

まるでアンティークドールみたい…
華麗なドレス、ブロンドがきらきらしてますねぇ

アゲハ

レア度 ★

食草 ミカン科

日本全土に分布（高寒冷地では少なくなる）。ハネの色合いは淡い黄色、レモンイエロー。名前は有名だが、黄色の大型のチョウをアゲハだと思い込んでいるだけで、正確に「これがアゲハだ！」と見分けられる人は少ないだろう。キアゲハというそっくりさんもいて混同されている。飛んでいるときは地色で判断するしかない。レモン色っぽいのがアゲハ、地色が濃くて黄色なのがキアゲハだ（幼虫はミカン科の植物の葉を食べるのでレモン色っぽい？ キアゲハの幼虫はニンジンなどのセリ科を食べるから色が濃い？ こじつけてみたよ）。近年、ホームセンターなどでミカン、レモン、グレープフルーツなど、幼虫が好む木がたくさん売られている。軒下などに植えられたミカン科の木は大きくなり、住宅地の真ん中でもアゲハに出会えるようになった。最近では菜園に植えられた「ルー（ヘンルーダ）」というハーブの葉っぱを人より先にアゲハの幼虫が食べている。ルーは草に見えるので一瞬戸惑うが、ミカン科の低木なのだ。

アゲハ ♂

アゲハ ♀

キアゲハ（春型）♂

キアゲハ（夏型）♀

＊季節型…羽化する季節によって、形態や色が異なる成虫が現れることを指す。

雑木林で木漏れ日を浴びながら、春の到来を喜び踊るギフチョウ。

Illustration by うりも

ギフチョウ 降臨する春の女神

カタクリの花に止まったヒメギフチョウ。

ギフチョウ

レア度 ★★★☆（場所によっては★★★★★） 食草 ウスバサイシン、カンアオイなど（ウマノスズクサ科）

秋田県以南〜山口県までの本州に分布。
「春の女神」と呼ばれることが多いが、やや「ケバイ感じ」が漂う。ヒメギフチョウのほうが清楚でふさわしい！と思うのだが、ギフのほうがメジャーだから仕方ない。サクラの開花に合わせるように里山で発生し、早春の花のサクラ、カタクリ、スミレなどの青色〜紫色〜ピンク色の花に集まる。花見の場所取りに敷いたブルーシートや某スポーツドリンクの缶の色も花に見えるようで、とりあえず近づいてしつこく缶に触れながらしらべたり、１mほど近づいてあわてて引き返すものもいる。ギフチョウに出会うなら、見晴らしのよい場所にブルーシートを敷き、服も全身青色で変身だ！ 各地で保護活動が活発だが、今でも１日に３ケタを上回るギフに出会える場所もあり、本来はモンシロチョウ並みの普通種である。なぜ各地で絶滅や個体数の激減が見られるのか？ 山ごとなくなるような開発は当然だが、スギなどを植林したまま放置したり、農業形態の変化で里山を放置したり、さらに鹿が増えて食草を食いつくしたことなどが減少の大きな要因だ。里山で人の暮らしと密接に結びついた場所が幸か不幸か、ギフチョウの生息環境なのだ！

ギフチョウ♂

太平洋側…黒帯が太い

日本海側…黄帯が広い

ヒメギフチョウ♂

本州亜種…前バネ内側の黒帯が直線 I字型

北海道亜種…前バネ内側の黒帯が十手型（Y字型）

＊亜種とは…
例：ヒメギフ本州亜種とヒメギフ北海道亜種なら同じ種なので、斑紋に差があっても生殖能力を持つ子供ができる。子孫ができないのが別種。

ハネを開いて休むギフチョウ。

ヒメギフチョウさんって、なんて可憐なんでしょ！

Q. ギフチョウはどこにいるかな？
派手に見える黄色と黒が迷彩色になって、背景に溶け込んでしまう。

野の花が咲き乱れる草原で竪琴を奏でる女神と集まってくる動物たち。

Illustration by うりも

ウスバシロチョウ ギリシア神話の美少女神

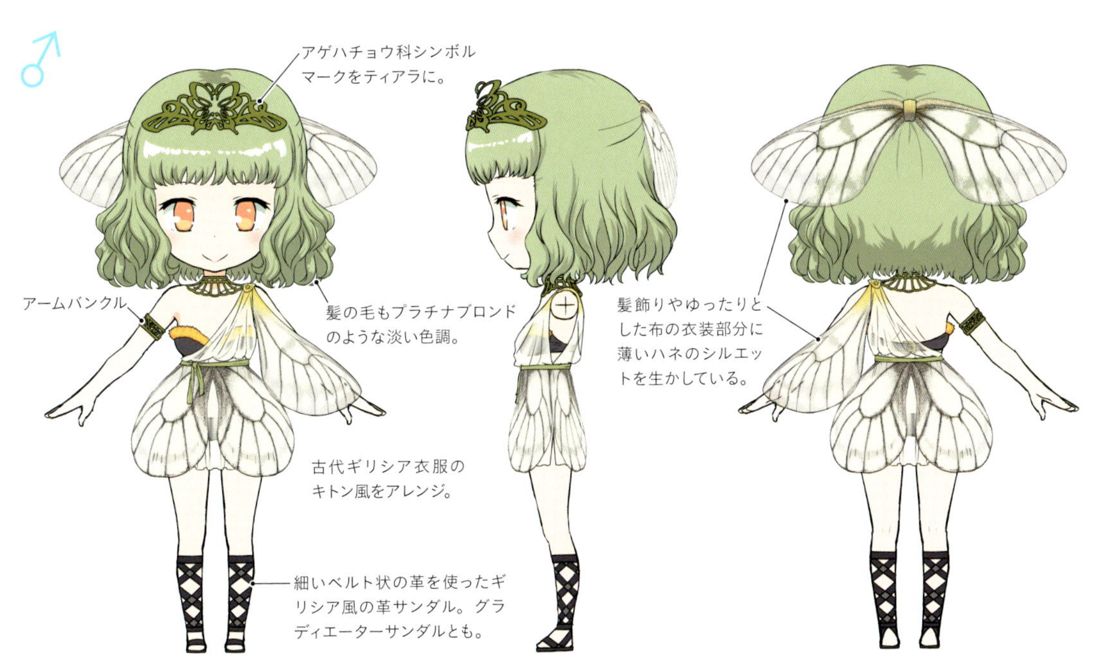

ハネを開いて止まっている様子。

ハネを閉じて吸蜜。　*Photo by* 高橋修吾

ウスバシロチョウ

ヒメウスバシロチョウ

Parnassius citrinarius（パルナシウス・キトリナリウス）というギリシア神話の神々が住むパルナッソス山に因んだ学名がつけられているのだ！学名は世界共通の名称でラテン語で表記されているんだよ

まるで音楽の女神様！ ミューズが奏でるメロディが聞こえてきそう…

ウスバシロチョウ

レア度 ★★★　食草 ムラサキケマンなど（ケシ科）

薄い翅（ハネ）の白い蝶（チョウ）＝ウスバシロチョウで、名前通りの姿をしている。北海道・本州・四国の低山地に分布。チョウの愛好家の多くは、子どものころにこのチョウに憧れていた人が多い。自宅周辺の公園や山に行ってもウスバシロチョウはなぜか見つからない。不思議に思って図鑑をよく読めば、「初夏にしか飛ばない」とある！ チョウに詳しい大人に聞けば、「●●山にはいるよ」という！「このチョウだけを目的に観察に行く」という行為が子どもには科学的に思えて、ワクワクしながら初夏を待った…そんな経験をしている人が多いのだ。
○○シロチョウであれば、通常はシロチョウ科なのだが、このチョウはアゲハチョウ科に分類されている。そこである人が「ウスバシロチョウという名前では紛らわしいので、ウスバアゲハにしましょう！」と提案するも、「ウスバアゲハって、ボロボロにハネが擦り切れて薄くなったアゲハのこと？」という反応からか、昔からの名前が変わることはないようだ。憧れのチョウの名前をおいそれとは変えられないし、夢が壊れる！ 食草は荒地や耕作地の脇などによく見られ、近年その分布は拡大しているように見受けられる。ゴールデンウイーク以降の山裾の畑でゆるやかに羽ばたき、ときにはグライダーのように滑空し、傍らのネギ坊主にたくさん飛来する。

大雪山(たいせつざん)に舞い降りた天女が輝く羽衣をひるがえしながら飛んでいく。

Illustration by うりも

ウスバキチョウ 天翔(あまが)ける天女の化身

ウスバキチョウの生息地にとうちゃーく！
どう？さっきまでとだいぶ景色もちがうでしょ？

こんな山の上のほうにまで、すぐ来れちゃうんですね！

高嶺の花のコマクサを食べてるとっても貴重なチョウなのだ！

北海道「リゾートペンション 山の上」運営のブログ「層雲峡.com」より
コマクサ平で交尾中のウスバキチョウ。
photo by 宮下

大雪山の近くにある「羽衣の滝」は有名で、天女の伝説もあるみたいね

ウスバキチョウ

レア度 ★★★★　食草 コマクサ（ケマンソウ科）

☆５個とも考えたが、非常にレア種というワケではないので☆４つ。分布は北海道の大雪山系、十勝岳連峰の高山帯だけに見られ、６月末～７月中旬の晴天に山に登れば観察できる。国の天然記念物であり、生息地も国立公園の特別地域特別保護地区、幼虫が高山植物のコマクサを食べて育つこと、成虫になるまでに２回も越冬すること（すべてが２回越冬だとはいい切れないが）…そして何よりも美しい!! サナギから出てすぐの透き通るハネの黄色と赤紋、エリ元のファーのようなモフモフした微毛！『許されぬ禁断の恋と神秘のベール…そして超チョウ美形！』

ハネの参考イラスト

♀は下バネの赤い斑紋が目立つ。

やっぱり天女さんは黒髪ロングでしょ。
ベールのような羽衣、似合いますよね～

♀

《ぽんぽこ先生からの出題》

ナガサキアゲハのオスとメスがいます。雌雄を当てることができるかな？

黒っぽいアゲハは何種類かいるけれど、これは比較的見分けやすいチョウだと思うよ。必ずしもオスのほうの模様が派手とはいえないケース…というのがヒント。出題です。

「朝ですよ〜っ、いいかげん起きてください」「朝食には、絞りたてジュースをご用意します!」って、ご主人様のベッドにフレッシュジュース用のミカンを持ってやってきた2人のメイドさんですよね？

ナガサキアゲハも黒くて大きなチョウよね〜。2匹の色合いが違うから分かりやすいかも。ワ、ワカバちゃんには、メイドさんキャラに見えるワケ？

Illustration by もとみやみつき

表バネが黒いのがオス！ 白斑に赤のワンポイントがメス！

雌雄で形に差はないが、稀に尾状突起を持つ♀が現れることがある。

ナガサキアゲハ メイド服を纏(まと)った侍女たち

ナガサキアゲハの産卵の様子。
Photo by 山口修

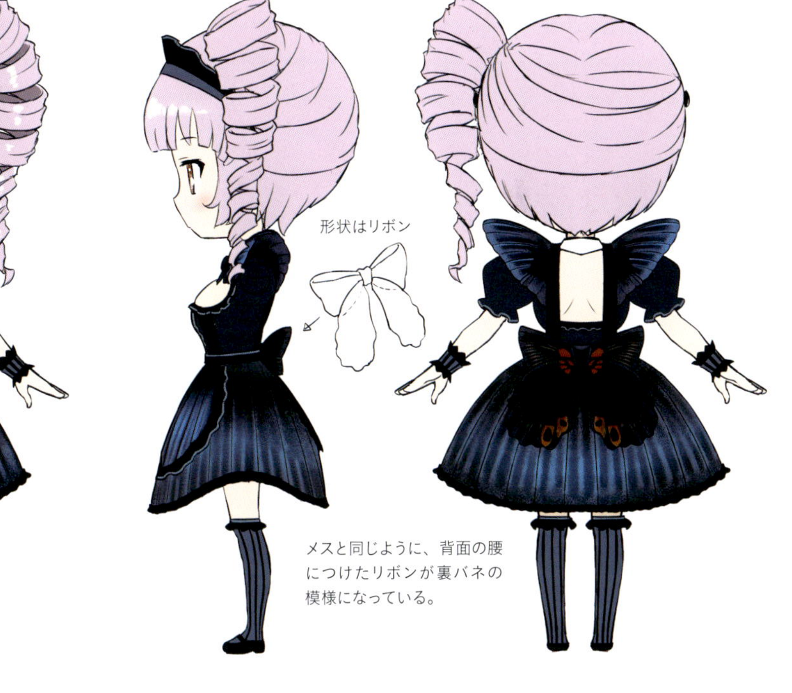

小さいころ、
ミカンの葉っぱを食べてたので、
大きくなってもミカン好き。
黒っぽいアゲハさんたち自慢の
チャームポイント、
尾状突起がない子なんですねぇ…

ナガサキアゲハ

レア度 ★★　食草 ミカン科

現在は八重山諸島(やえやましょとう)では見られないが、昔は西表島(いりおもてじま)で見られた。ここのナガサキアゲハは☆５＋。現在の分布は沖縄から九州・四国・本州南西部で見られるが、北上中だ。福島や宮城、新潟の市街地で記録されている。幼虫は栽培種のミカン科を好み、固い葉っぱをバリバリ食べる。昨今「温暖化でこのチョウが北上している」とまことしやかにマスコミに取り上げられているが大間違いだ！ 気候変動が原因で北上しているのなら、エサ（ミカン科）が北上してからチョウが北上するのが順番だ。植物の移動には非常に長い時間が必要なはずだが、実際は乗り物に乗ったようなスピードで北上している！ その真相はガーデニングブームのため、ミカンやレモンの苗木が植木屋さんのトラックで、北へ北へ…と運ばれているからなのだ！ ときにはレモンの枝にサナギもついている可能性もある。昔は九州など温暖な気候の場所でしか見られない憧れの南方系のチョウが、現在、神奈川や静岡ではアゲハチョウ科の内で、一番数の多い種類になってしまった。

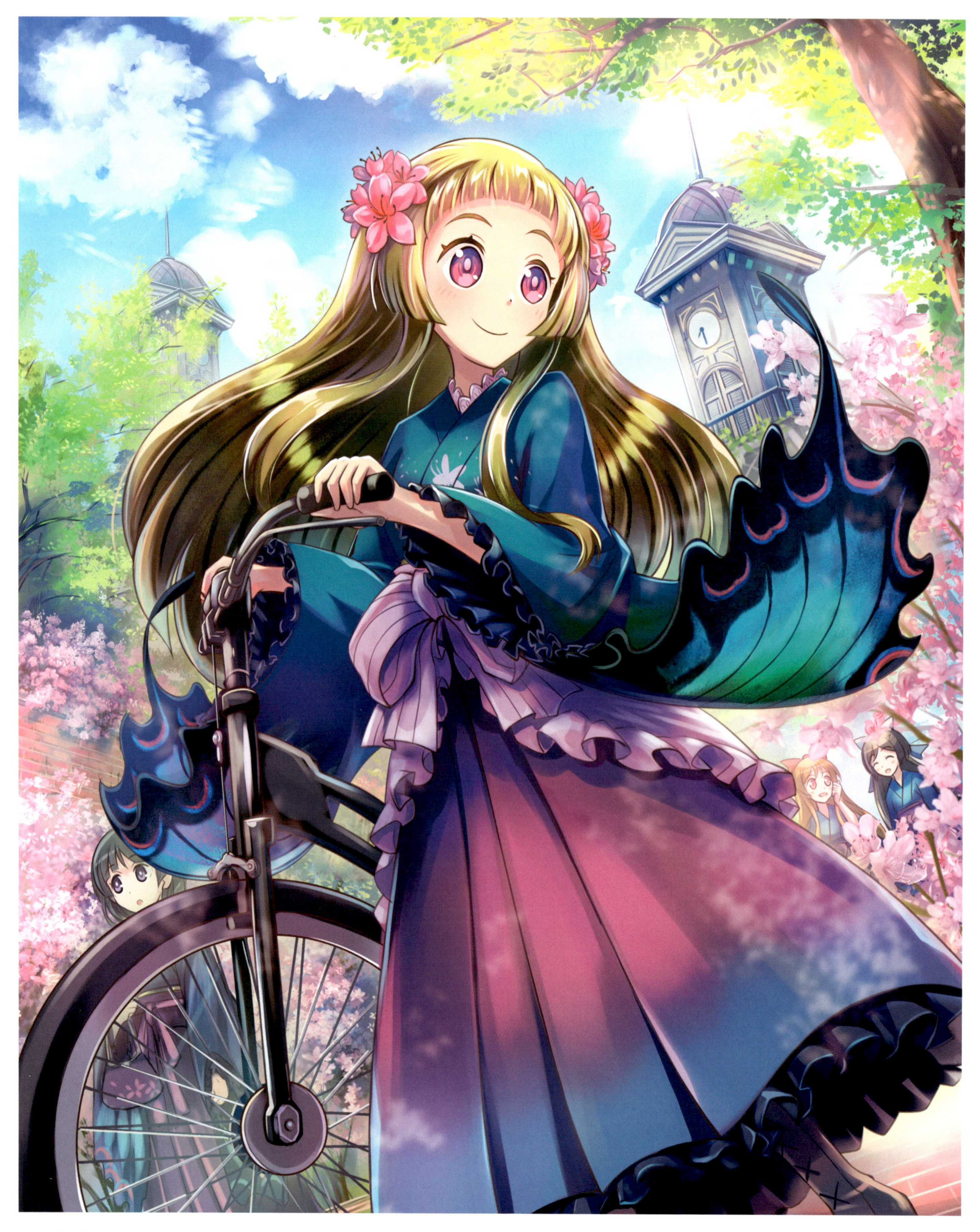

ツツジの花が咲き誇る中、虹色に輝く袴姿の女学生が自転車で颯爽と登校中。

Illustration by 北熊

ミヤマカラスアゲハ 大正ロマン風装(よそお)いの女学生

♀

髪飾りはツツジの花。好んで蜜を吸う花をデザインに取り入れている。

着物の柄はクサギの花

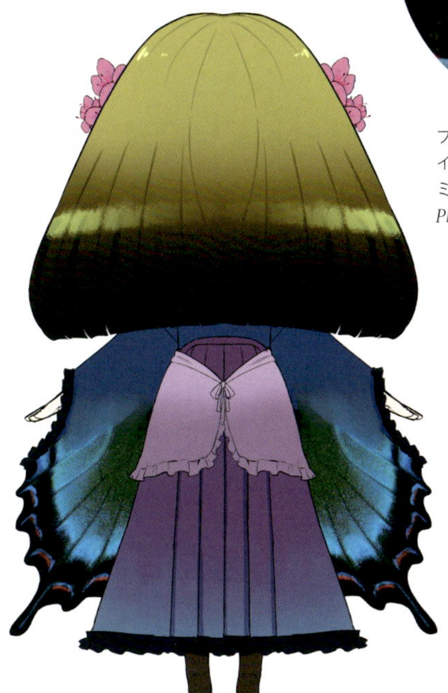

振り袖や袴、腰に巻く飾り布にフリルをふんだんに使って、ゴージャス感を出している。

ブログ「安曇野の蝶と自然」よりインパチェンスの花にやってきたミヤマカラスアゲハ。
Photo by 小田高平

平地で見られる夏型の♀には時として、超「馬鹿デカイ」ものがいる。たぶん日本産のチョウの中で最大種だと思うよ

ミヤマカラスアゲハ

春型 ♂　春型 ♀

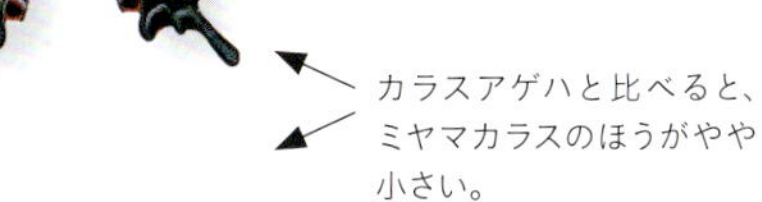

カラスアゲハと比べると、ミヤマカラスのほうがやや小さい。

カラスアゲハ

夏型 ♂　夏型 ♀

ハネの参考イラスト

ミヤマカラスアゲハは、前バネの帯状の模様は細めで幅が等しい。

ミヤマカラスアゲハ

レア度 ★★★　食草 キハダ、カラスザンショウ、ハマセンダンなど（ミカン科）

北海道〜屋久島まで分布。幼虫はミカン科のキハダなどの野生種を好んで食べる。日本産チョウの人気投票を行うと必ず上位にランクされる美チョウだが、ある種の作為的な操作がなされているのに気づくだろうか。ミヤマカラスアゲハは通常の場合、春と夏の年2回成虫になる。春の成虫は美しいが、夏は大きいだけの黒系の地味なアゲハなのだ。だから人気投票には春型の中でも特に美しい北海道産の「ピッカピカに輝く♂の画像」を使用する。一般人の中に『ミスユニバース代表』を混ぜるのだからズルい!! このチョウに出会いたければ、本州以北の涼しい場所では沢沿いの林道に行けばいい。渓谷には幼虫のエサのキハダが多くあり、発生数が多いのだ。ツツジやタニウツギなどの花に次々に飛来するはず！ 運が良ければ水たまりに群れる集団吸水に出会う可能性もある。暖かい地域ではさらに海に近い平地でも姿が見られる。これは食草が海岸付近にもあるからだ。

ロードバイクでの学校帰りにちょこっと休憩中、ペットボトルで水を飲んでる夏服の都会っ子。

Illustration by うりも

アオスジアゲハ　お洒落(しゃれ)セーラー服の女子高生

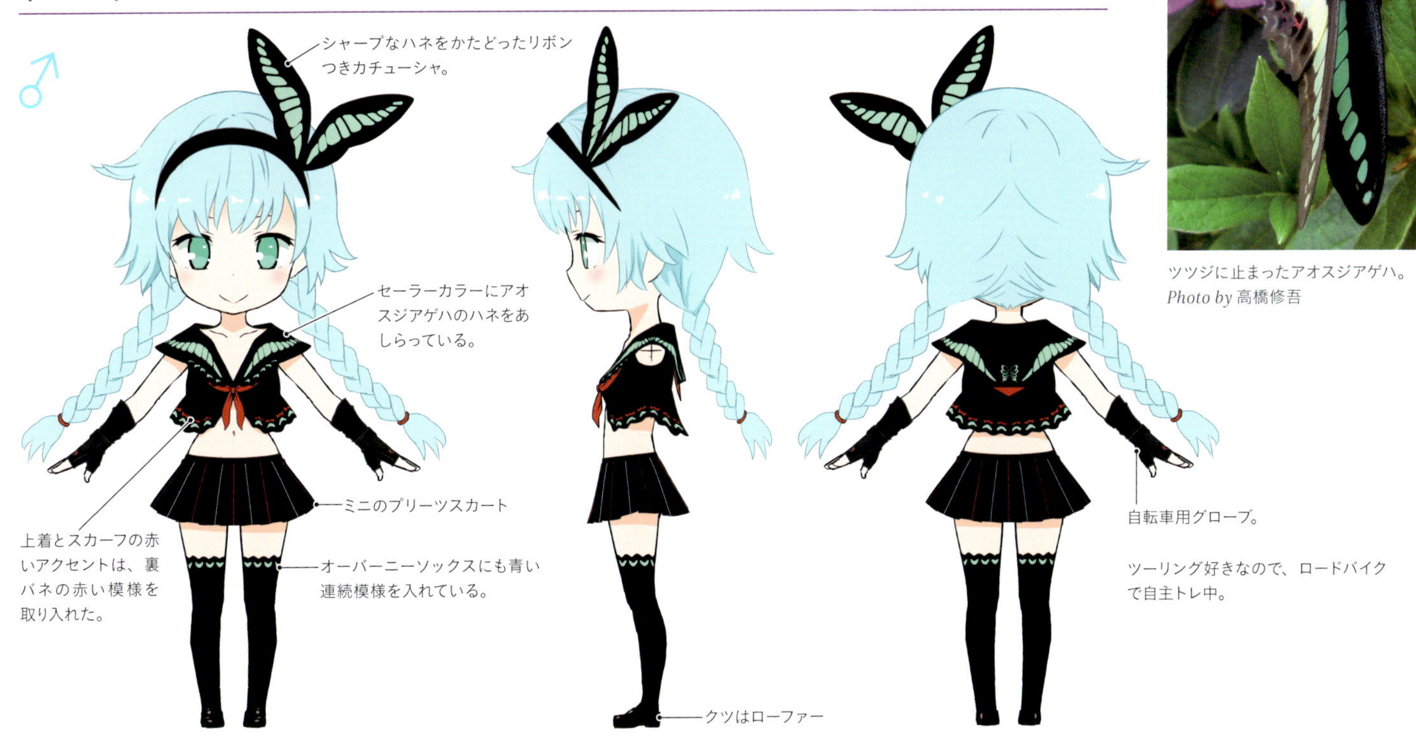

ツツジに止まったアオスジアゲハ。
Photo by 高橋修吾

アオスジアゲハ

レア度 ★★　食草 クスノキ、ヤブニッケイ、タブノキなど（クスノキ科）

日本海に面した青森南部から以南、宮城県の太平洋に面した場所から以南に生息。南方起源のチョウなので、暖かい場所に多い。幼虫はクスノキ科の植物を食べる。これらの木は海に近い林に多く、エサもチョウも暖かい場所が好きで、高寒冷地では少ない。これらの木は独特な清涼感のある香りがする。その原因は樟脳（しょうのう）という防虫剤の原料になる物質を含んでいるからだ。高級品の樟脳はクスノキから作られ、化学薬品の防虫剤（パラジクロロベンゼンなど）とはまったく異なる爽やかな香りだ。ほかのチョウが好まない防虫剤入りの葉っぱを食べることを選択し、競争の少ない世界を生きているワケだ。
近年、都会の街路樹にクスノキが植えられることが多く、ビルの間を敏速に飛ぶ姿を見かける。沖縄などに出向けばとてもたくさんいて、河原の湿った場所で数百匹もの集団吸水に出くわすこともある。水を吸っているのは、ほとんどが♂なんだよ。

アオスジアゲハ
♂

ヤブガラシの花の蜜を吸うミカドアゲハ。

アオスジアゲハに似たチョウ

ミカドアゲハ

飛んでいる姿はアオスジアゲハによく似ているが、ハネには白斑が並んでいる。

ハネの参考イラスト

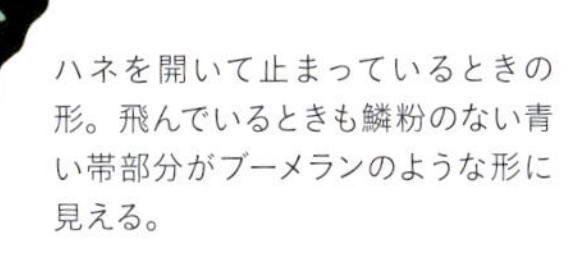

ハネを開いて止まっているときの形。飛んでいるときも鱗粉のない青い帯部分がブーメランのような形に見える。

「憧れの美ちょうちょアイドル、ジャコウアゲハさんのようになりたい！」と、ドレスもメイクもがんばってるオナガアゲハ。　*Illustration by* うりも

オナガアゲハ ジャコウのファッションをまねている熱烈なファン

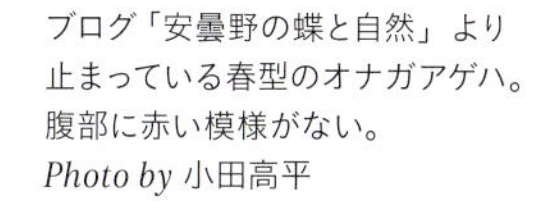
ブログ「安曇野の蝶と自然」より
止まっている春型のオナガアゲハ。
腹部に赤い模様がない。
Photo by 小田高平

萌えソデのコって激カワですよねっ！

オナガアゲハ

レア度 ★★★　食草 ミカン科

北海道南部～九州全土に分布。
幼虫が特に好むエサはコクサギという低木で沢沿いに多く、♂はその沢沿いを行き来する。♀はこの低木に絡みつくように飛び、薄暗い場所を選んで産卵する。飛び方は毒を持つジャコウアゲハに似ており、ゆるやかに舞う。姿もジャコウによく似ているが、腹部の毒々しい赤紋はない。昔読んだ図鑑には「味の悪いジャコウアゲハに擬態している」と書かれていた。小学生の私には意味が解らなかったんだ。要するに「毒を持つジャコウアゲハに擬態している。化けているのでオナガアゲハは安心ね！」ということらしいが、その図鑑を書いた学者はジャコウアゲハを食べてみて、「味が悪い！マズイ！」と思ったのだろうか？近いうちに試してみたい。

オナガアゲハ
春型 ♂

ぽんぽこ先生、チョウを食べ比べるのはやめてくださ～い

なんとなくジャコウアゲハに似たチョウたち

オナガアゲハと同じようにジャコウアゲハに似ている黒っぽいチョウを紹介する。

クロアゲハのメスもジャコウアゲハのオスに似てるよね！

オスの後ろバネの白い斑はオナガアゲハに似ている。

オス、メスの両方の下バネに赤い紋がある。毒チョウ。

1 努力目標

2 ゾウからマンモス的な

シロチョウ科

子どものころに食べていたプラムの木の葉っぱにやって来たエゾシロチョウ。

Introduction

ぽんぽこ先生が語る『シロチョウ科』とは？

砲弾型の卵とイモムシ型幼虫が特徴

よく知られているモンシロチョウが属している『シロチョウ科』のイメージは「白くてヒラヒラと花に舞う」といったところかな？ 日本のシロチョウ科は３亜科（亜科＝科の下のカテゴリー）に分けられ、トンボシロチョウ亜科・モンキチョウ亜科・モンシロチョウ亜科となる。この中を大まかに７グループに分けてみる。
シロチョウ科の共通の特徴は卵の形状が砲弾型(ほうだんがた)で、幼虫はイモムシ型が多い。サナギはすべて帯状の糸で支えられたタイプの帯蛹(たいよう)である。アゲハチョウ科とは卵の形状は異なるが、サナギが似ているので近縁なことがうかがえる。大きな違いはシロチョウ科の幼虫が臭角(しゅうかく)を出さないことだろう。

トンボシロチョウ亜科
- 1 ヒメシロチョウグループ

モンキチョウ亜科
- 2 ヤマキチョウグループ
- 3 モンキチョウグループ

モンシロチョウ亜科
- 4 ツマキチョウグループ
- 5 トガリシロチョウグループ
- 6 モンシロチョウグループ
- 7 エゾシロチョウグループ

ヤマキチョウ

砲弾型の卵

イモムシ型の幼虫

サナギは帯蛹(たいよう)

成虫のチョウ

1 ヒメシロチョウグループ

非常に繊細な白いチョウで、ヘロヘロとゆるやかに風に流されるように飛ぶ。軟弱者そうだが、いつまでも休まずに飛び続ける長距離ランナー的なチョウだ。このグループはハネも体も細長く、この体形が長距離向きなのか？ サナギで越冬する。

ヒメシロチョウ（p.58参照）

チョウの飛び方

ヤマキチョウ
150cmくらいの高さを力強くまっすぐに飛ぶ
パッ！　パッ！

ツマキチョウ（とくに♂）
小刻みなはばたき
一定の高さと速度を保ち、テレレレレレ…と飛ぶ

ヒメシロチョウ
風が吹くと前へ進めない
ヘロヘロと飛ぶ

2 ヤマキチョウグループ

よく似たスジボソヤマキチョウ、ヤマキチョウの２種とキチョウ属で構成されている。このグループは名前そのままの「黄蝶」で、非常に斑紋が単調なので種の判別に苦労させられる（キタキチョウとミナミキチョウの２種が、近年まで「キチョウ」という１種だと思われていたことでも、種の判別が難しいことがよくわかる）。ヤマキチョウ♂の飛び方は一直線に「パッ！パッ！パッ！」と歯切れよく飛ぶ。キチョウ属はハネが薄くヒラヒラ…そしてツンツンとした上下動をしながらランダムに飛ぶ。越冬は成虫。

3 モンキチョウグループ

モンキチョウ属とウスキシロチョウ属で構成される。共に飛翔は速く力強い。
モンキチョウ属は♂がいつも♀を追いかけているイメージで、なかなかスケベなチョウだと思う。越冬は幼虫で、寒さには非常に強いのが特徴。一方のウスキシロチョウ属は、南方系の種で飛び方が速く、特定の越冬態はない（越冬態とは卵、幼虫、サナギ、成虫のどれで冬越しするかを示す。南方は冬でも暖かいので越冬という言葉が無意味）。

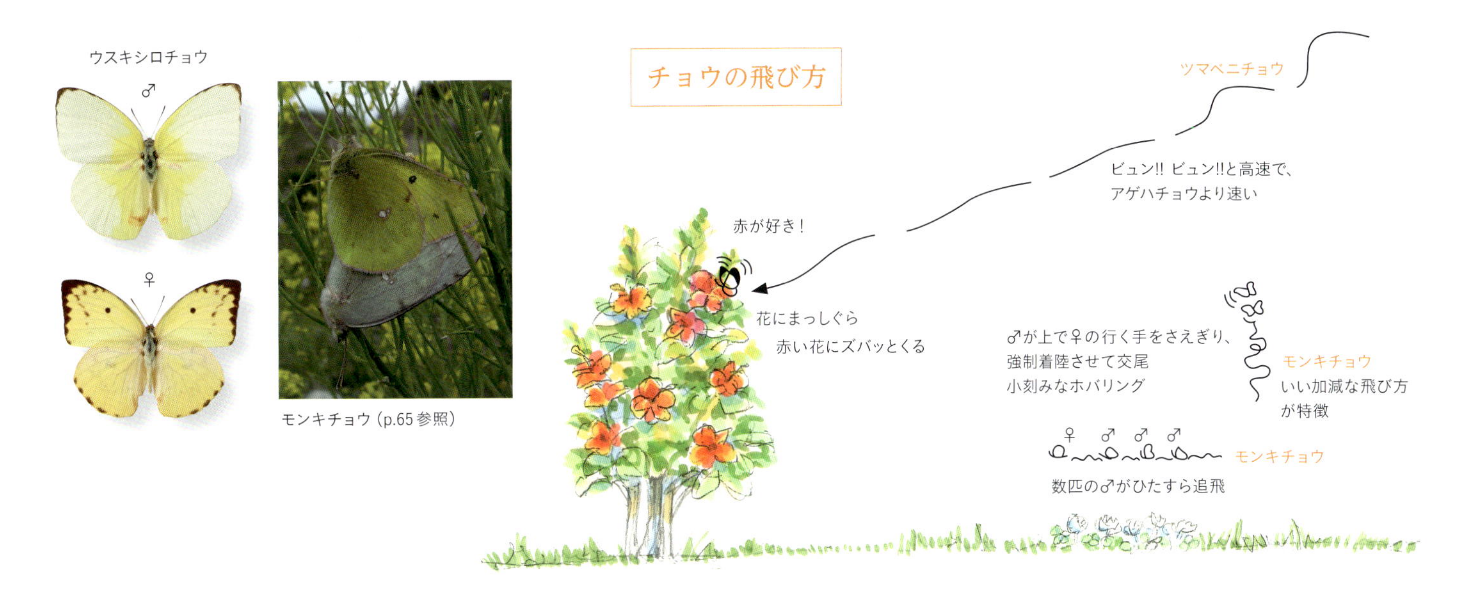

モンキチョウ（p.65 参照）

4 ツマキチョウグループ

ツマキチョウ属とツマベニチョウ属に分けられる。共に♂のハネの先端にオレンジ色の斑紋がある。ツマキチョウ属は繊細な小型種で、一定の地上高をキープし、一定のスピードを維持して「テレレレレレレ…」というイメージで飛ぶ。サナギで越冬する。一方のツマベニチョウ属はアゲハチョウサイズで立派！ 飛翔スピードは素早くビュンビュンと飛ぶ。サナギまたは幼虫で越冬する。

5 トガリシロチョウグループ

トガリシロチョウグループは南方系だ。ハネが尖がり、アオスジアゲハと似たシルエットでカッコイイ！ 南方系のチョウは何故だか飛ぶのが速い…。勝手な想像だが、炎天下をゆっくり飛ぶと暑さにやられてしまうのか？ それとも多くの捕食者（プレデター）から逃れるためか？ 冬でも成虫が見られる。

タイワンシロチョウ
♂

（トガリシロチョウグループ）

ツマベニチョウ（p.47 参照）
Photo by 工藤誠也

6 モンシロチョウグループ

「これぞシロチョウ！」といった感じで、童謡「ちょうちょう」のイメージのままだ（サクラの花が好みでないのはご愛敬）。飛び方も「ちょうちょ～♪」の曲のリズムで飛ぶ。このグループの食草（幼虫の食べるエサ）はアブラナ科。幼虫は「あおむし」で模様はほとんどなく、サナギで越冬する。

モンシロチョウ（p.57 参照）

7 エゾシロチョウグループ

羽ばたきが力強く、またグライダーのように滑空することも多い。幼虫は毛虫でエサの食樹に糸を吐いて巣を作り、集団で生活する。越冬は越冬用のしっかりした巣を作って集団越冬する点も変わっている。♀は半透明のハネで色っぽいので…個人的に「大好き！」。

エゾシロチョウ
♀（p.50 参照）

《ぽんぽこ先生からの出題》

クモマツマキチョウのペアがいます。どちらがオスで、どちらがメスでしょうか？

チョウは一般的にはメスのほうが大きくなることが多いし、色彩が地味めになる傾向があるよね……ちょっとヒントを出しすぎたかな。このチョウは表バネの色合いが異なるので、見分けがつきやすいよ。さぁ～て、出題です。

2人の巫女さんが仲良く神社の石段をお掃除中なんですね!

ハネの端がオレンジ色のチョウと全体が白っぽいのがいるわね。

ん、ワカバちゃん

神社にやってきたから、今度は巫女さんキャラなの？妄想が暴走してるよ～～

Illustration by ゾウノセ

前バネの先が橙色なのがオス、グレーなのがメス！

交尾中の♂と♀。

クモマツマキチョウ 残雪の中を飛び交う麗しき巫女

♂

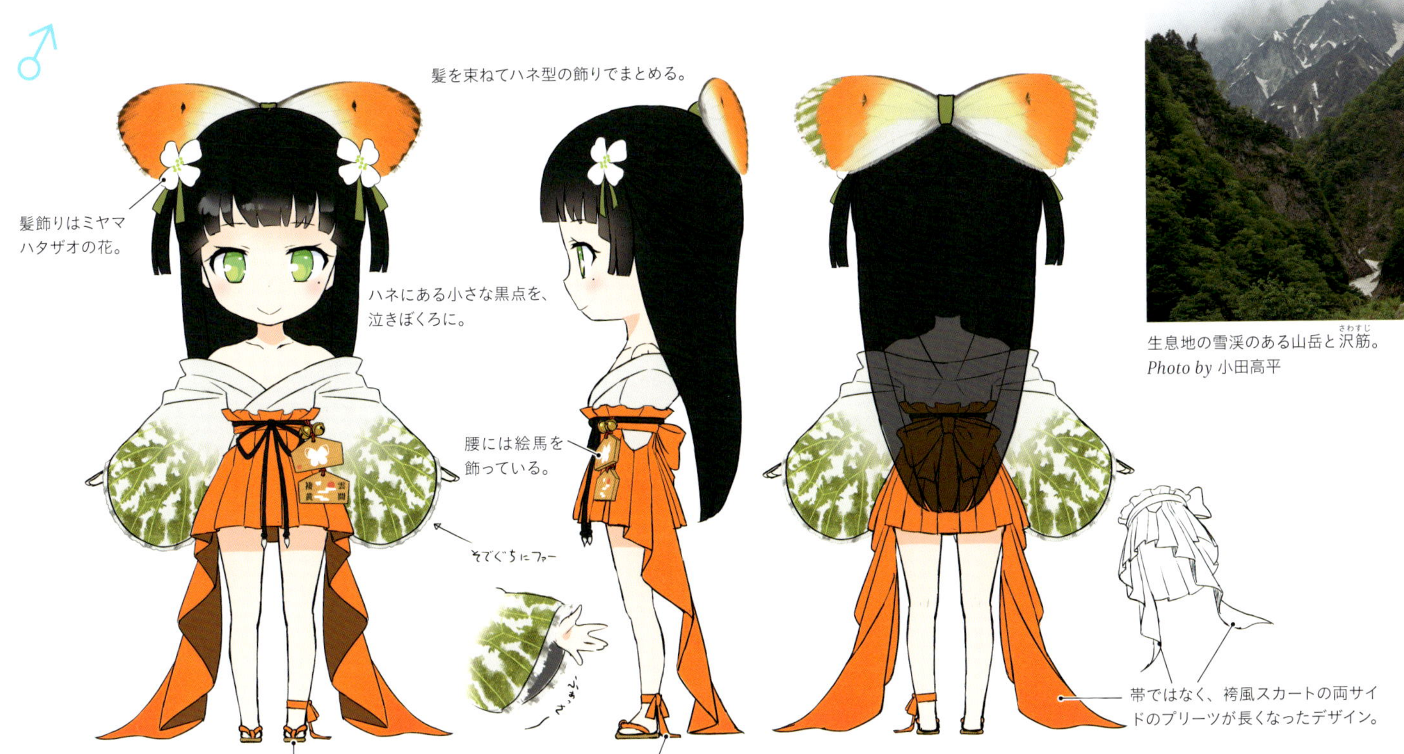

生息地の雪渓のある山岳と沢筋。
Photo by 小田高平

♀

ブログ「安曇野の蝶と自然」より早朝のチョウの発生地の様子。
Photo by 小田高平

傾斜が急でけわしい沢筋の生息地。

岩がごろごろしている厳しい環境に、食草や蜜を吸う植物が生えている。

クモマツマキチョウ

レア度 ★★★★ 産地によっては☆5個。　食草 ミヤマハタザオなど（アブラナ科）

♂の前バネは白地に綺麗なオレンジ色、♀は白地に黒い斑紋がある。裏バネの唐草模様は黄色と黒色の鱗粉で構成され、うまく緑色が表現されている。こんなに派手な色彩の♂なのに、ミヤマハタザオなどに止まると見事にカモフラージュされて見えなくなるのが不思議。

中部山岳が生息地の中心だが、生息する山塊は限られている。焼山、妙高山、雨飾山、戸隠山などの頚城山塊、飛騨山脈（通称、北アルプス）、赤石山脈（通称、南アルプス）、そして八ヶ岳連峰が知られている。

これらの山塊の岩壁や傾斜が急でけわしい沢筋が生息地だ。北アルプスの白馬岳周辺や槍・穂高岳、南アルプスの北岳や仙丈岳周辺では生息条件が良く、6月の天気の良い日に広い沢筋の河原などでも観察できるので、このエリアのチョウは☆4個！

頚城山塊などの沢筋は雪渓（渓谷に解け残った雪）で埋め尽くされ、その両岸の急な崖で発生している（戸隠神社の奥なども岩壁で近づく気も起きない）。雪渓で足を滑らせたら滑落死してしまうし、踏み抜けば大量の雪解け水に流されて死んでしまう！ 命懸けでないとこれらの山塊では出会えないので、当然☆5個だ！

八ヶ岳では長い間正式な記録がなく、絶滅がウワサされているが、人の近づけない崖にいると信じているので、☆5個＋というところか？ 海外ではヨーロッパに広く分布していて、平地の原っぱや畑の脇に普通に見られるので、日本産がいかに変わり者なのかよくわかる。

＊山塊…山が連なるように集まり、断層などで区切られている。山脈に似ているが、規模が小さい山のまとまりのこと。

クモマツマキチョウは、愛好家にとって憧れのチョウなんだよ。
青い空と岩山に残雪と新緑。最高のロケーションに現れる最高にキュートな美チョウなのだ！

ストロー状の口吻を伸ばして飛ぶ♂。

お腹を上に立てた交尾拒否の♀に絡んでいる♂。　*Photo by* 小田高平

山道をず〜っと必死に歩いて、やっと出会えるチョウなので感激もひとしおなんだね！
ワカバちゃん、みてみて、ほ〜ら、オスがメスを追っかけてるよ〜

食草のミヤマハタザオに止まっているオス。

こんなロケーションでの初めて出会いを、昨日のことのように思い出すね。

1973年の6月、八ヶ岳の標高2,400m付近の沢の源頭部。急な斜面に張りついた雪のすぐ側を、高速で飛翔する「オレンジ色の火の玉」が急に現れ、ミヤマハタザオに急降下！ そこには白い♀が止まっており、あっという間に目の前で交尾が成立してしまった

＊沢の源頭部（げんとうぶ）…沢・谷の始まる部分のこと。

美ちょうちょさんが交尾っ！

みっ、見ちゃダメじゃないですかぁ…え〜っと、ハナ先輩はどーして虫好きになったんですか？

なぁ〜に、真っ赤になって話をそらしてんの♡

虫好きの兄さんがいて、小さいころから野山を一緒に走り回ってたんだ。憧れの昆虫の研究者になって、今は東南アジアに調査旅行中なの…元気でいるかなぁ、帰国したら虫の話をいっぱい聞くんだ〜

わぁ、だからハナ先輩は、さっき神社にお参りしたとき元気に帰国できますようにってお祈りしてたんですねぇ

クモマツマキとツマキチョウの雑種で珍しいチョウがいるんだけど、きれいだよって兄さんがいってた〜。

ぽんせんせー、それはユキワリツマキチョウっていうんだよね

そうだね！

ツマキチョウ♂とクモマツマキチョウ♀のハイブリッドでめったに見られない美しいチョウだよ

かくれんぼ中、こっそりハイビスカスの花の蜜をなめている女の子。

Illustration by うりも

ツマベニチョウ 出会った人に幸運を運ぶ美少女

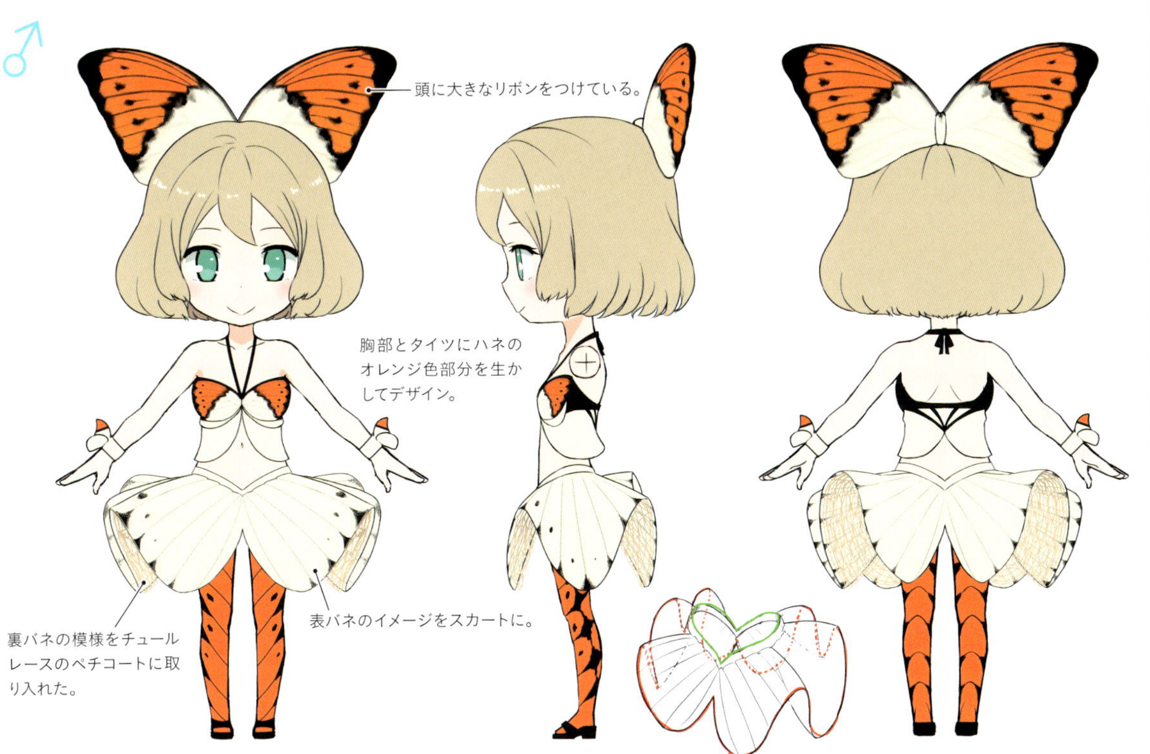

フレアースカートの構造

マレーシアで観察されたツマベニチョウの飛翔（日本産とは別亜種）。
*Photo by*工藤誠也

ツマベニチョウ

レア度 ★★★　　食草 ギョボク（フウチョウソウ科）

九州南部～八重山に分布。大型のシロチョウ科で、アゲハチョウサイズといえる。ハネ先にきれいなオレンジ色の斑紋がある非常に豪華なチョウだ。幼虫はギョボクという木の葉を食べ、沖縄や奄美などの本島や周辺の属島にも多く見られる。飛ぶ姿はよく見かけるが、飛翔スピードはとても速い。ところがハイビスカスの赤い花がまとまって咲く場所では次々に花に止まり、頭を中に突っ込んでしまう。こういったポイントを見つければ観察はたやすいだろう。以前からシロチョウ科の姿をまねているタテハチョウがいること（143ページ 移入種のアカボシゴマダラなど）が知られていたが、その意味がナゾだった。近年、どうも白いチョウには、毒がありそうなことがわかってきた。無毒と思われていたシロチョウが毒チョウであったワケで、これでタテハチョウの擬態（ぎたい）の意味も納得できる。その上、飛び方までもまねているんだ。

ツマベニチョウ

ハネの色は全体にグレーっぽく、斑紋の色がハッキリしている。

ハネの参考イラスト

なぜ、タテハチョウがシロチョウの飛び方をまねしてるってわかるんですかぁ？

その証拠は、驚いたとたん、急にタテハチョウ本来の猛スピードの飛び方に戻ってダッシュで逃げてしまうからなのだ！

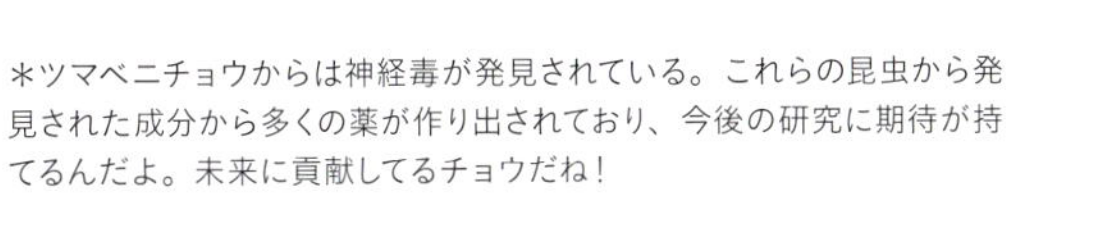

＊ツマベニチョウからは神経毒が発見されている。これらの昆虫から発見された成分から多くの薬が作り出されており、今後の研究に期待が持てるんだよ。未来に貢献してるチョウだね！

《ぽんぽこ先生からの出題》

今回はオスとメスの区別がつきにくいシロチョウの例だよ。
よ〜く観察して回答してね。それでは、出題です！

エゾシロチョウのオスとメスが一緒に飛んでいます。雌雄を当ててみよう！

このチョウは見た目では、オスメスどちらも、ぜんぜん差がないじゃない??

白いキュートな妖精さんたちが、札幌の時計台の周りをヒラヒラ舞ってるんですねぇ。でも、なんだかコワいくらい、スゴい迫力のある羽音がしてませんかぁ？

Illustration by 鍋島テツヒロ

白いハネが透けていないのがオス！ 透けてるのがメス！

♂

♀

ハネの参考イラスト

♂ 表

翅脈の形はほとんど同じ。♀のハネは半透明で透けているため、わずかに黒っぽく見える。

エゾシロチョウ

レア度 ★★　食草 サンザシ、ボケ、プラム、ウメ、サクラ、ナシ、リンゴなど（バラ科）

北海道に広く分布するので☆2個。♂は白一色に翅脈に沿って黒色が見られるだけ。♀もおおむね同じだが、白色部分が透けている。本州中部に生息する絶滅危惧種のミヤマシロチョウ（52ページ ☆4.5個）にパッと見は似ているが、北海道では里から低山地まで広く姿を見ることができる悲しいほどのド普通種なのだ。幼虫のエサも多種にわたり、栽培種も食べる。チョウで樹木を食い荒らすものとして、忌み嫌われているのも珍しい。

梅雨のない北海道の6月は夏の始まりで、そのころから発生がスタート。発生初期には林道の湿った場所で吸水する集団の姿が見られる。飛翔力も強く、体の近くを通過すると「カサカサカサ…」と乾いた羽音が聞こえてくる。数百～数千の個体がチョウ吹雪のように舞い上がり、囲まれてしまうこともあり、音や羽ばたきで起きる風がホオに当たると恐怖感さえ感じてしまう。

エゾシロチョウに似たチョウ

ミヤマシロチョウ

♂

♀

エゾシロチョウ 夏の訪れを告げる白い妖精

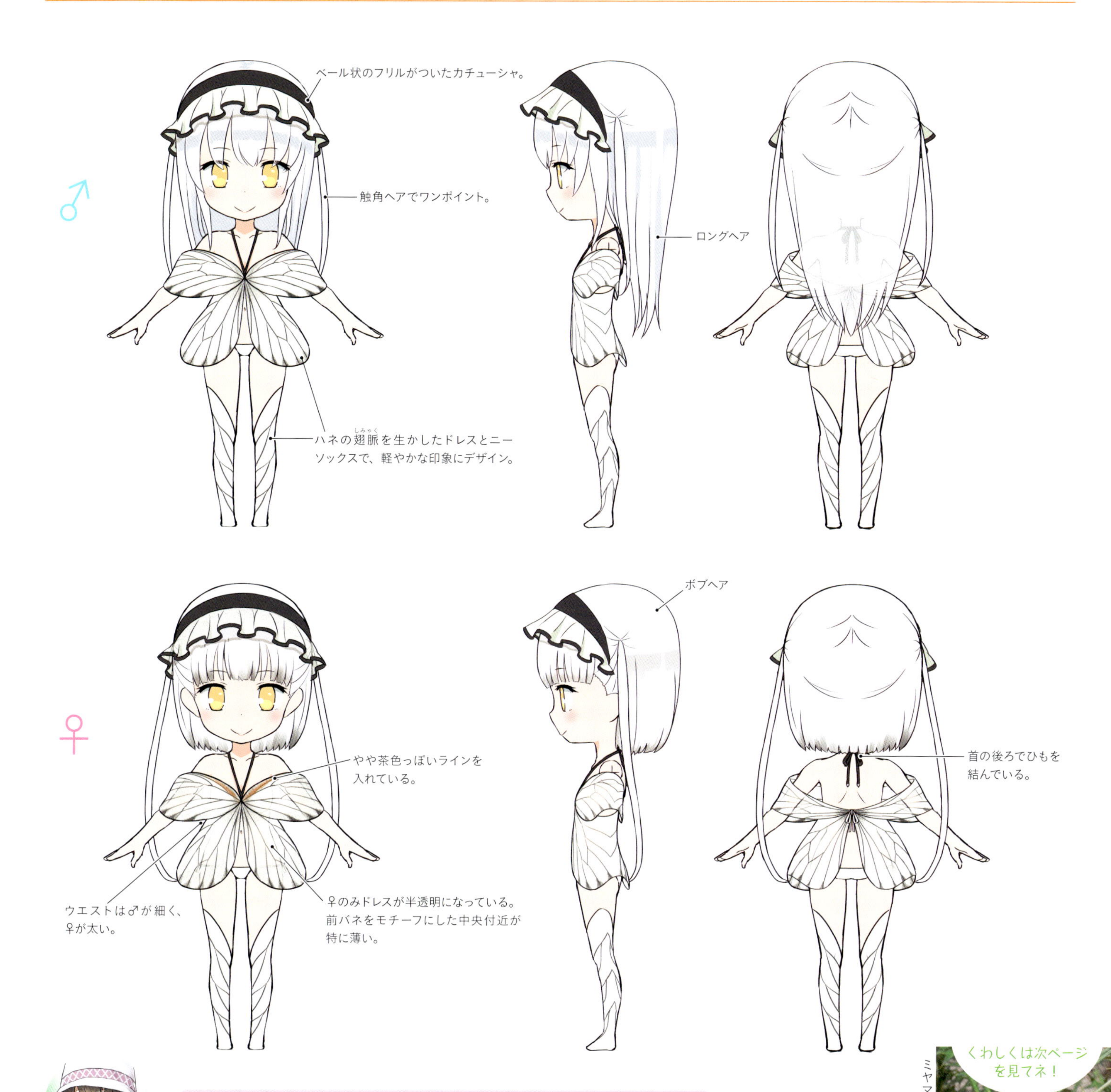

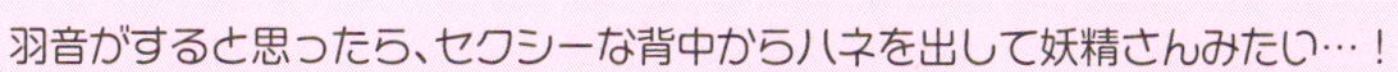

エゾシロチョウは絶滅危惧種のミヤマシロチョウにそっくりなんだよね

じゃあ、ミヤマシロチョウの保護活動をちょこっとレポートしてみよう！

くわしくは次ページを見てネ！

ミヤマシロチョウ♀（左）♂（右）

Report

ぽんぽこ先生が語る『ミヤマシロチョウの保全活動』

ぽんせんせー、ミヤマシロチョウは本州に生息する高山チョウなの？

高山植物とか高山チョウなどのように、すぐに「高山」と言う冠をつけたがる人が多すぎて困ってるんだ！

絶滅の危機にあるミヤマシロチョウは救えるか…

「何故困るのか？」それは真の高山帯は、特別保護地区などで厳重に保全され、開発の脅威はほとんどない。「真の高山チョウ」は減っていない。ところが偽「高山チョウ」のミヤマシロチョウは、八ヶ岳～蓼科山、南アルプス、奥秩父、美ヶ原、北アルプス南部、浅間山系の標高1,300m程度から上部の亜高山帯2,000m付近に分布していたが、どこでも急激に姿を消してしまった。現在、安定してその姿を確認できる場所は、浅間山系湯の丸山～烏帽子岳付近だけだろうか？ はっきりと高山帯と亜高山帯を分けて考えないと、保全の方法なども異なるので、ゴチャゴチャに表現されたくないのだ。

交尾をしているところ。

私が八ヶ岳山麓の原村に引っ越してきたのが1991年秋。翌年の夏、子どものころに多くのミヤマシロチョウに出会えた場所に足を運んでみた。やや少なく感じたが、まだまだ多くのチョウに出会えてうれしかった。毎年観察を続けていたが、1996年の夏を最後に、乱舞することはなくなってしまった。その後も越冬巣の数を数えたり、成虫の発生状況を調べたりしていたが、その減少のスピードはスゴいもので、坂道を一気に転がり落ちる…まさにそれがピッタリな表現であった。

アザミの花に止まった♀。

「八ヶ岳・原村ミヤマシロチョウの会」という保全団体を立ち上げるが…

2004年に長野県では希少野生動植物保護条例という条例が新たに施行されることになり、これを機に長野県諏訪郡原村の教育委員会などと調査を行うことを提案し、同時に村に任意団体「八ヶ岳・原村ミヤマシロチョウの会」という保全団体を立ち上げることを届け出た。

目的は、生息環境の整備により、チョウの個体数の回復を目指すことにあったが、肝心のミヤマシロチョウの個体数は厳しい状況になってしまった。先に書いた「越冬巣」の数を数えれば、おおよその増減が読み取れる。実際の増減を正確につかめるのは有利な点だった。

2005年の初調査から環境整備になどにより、2009年には一時的に10倍程度まで巣の数が増えたが、それでも気の抜けない状況だったのは確かだった。危惧していたことが、翌年2010年の悪天候の影響で一気に明らかになった。それ以降は越冬巣の数を減らし続け、絶滅へのカウントダウンという状況になってしまっている。

水を吸っている♂。

羽化してすぐのミヤマシロチョウ。

花にやってきた♀と♂。

＊ミヤマシロチョウは長野県の天然記念物（1975年指定）。

＊越冬巣…ミヤマシロチョウは幼虫が集団で糸を吐いて巣をつくり、その中で越冬する。

昆虫は天候の良し悪しや寄生虫など捕食者の増減のファクターで発生数が平気で10倍…いや100倍になってもおかしくない。その逆も当然考えられる。そんな生物が昆虫なのだ。そう考えると太古の時代から現在に至るまでにそのような悪条件の時がなかったのか？ と問えば、絶対にもっと条件の悪かった時期もあったと答えるのが正論だろう。
それなのになぜ、絶滅せずに生きてこれたのか？ 現在の生息環境から答えを読み取ると、現在のミヤマシロチョウの生息地は孤立した小さな発生地なので、悪い条件が重なれば一気に絶滅してしまうことが容易に考えられる。
昆虫という生物は自らの生息に適した環境にしがみつくように世代を繰り返す。その場所の個体が何らかの原因で絶滅してしまっても、近隣の同じような生息地から新たな個体が移住してきて増える。付近に同じような生息に適した環境がパッチ状に見られ、お互いの生息環境を行き来できる回廊があれば心配がないのだが、現在のような孤立した狭い生息環境では、絶滅への道を突き進んでしまうことになる。

生息地の環境。木がまばらに生えた草地を好む。

「八ヶ岳・原村ミヤマシロチョウの会」にできることは…

生息環境が狭く孤立してしまった原因には、砂防工事や治山工事が影響している。これらの工事は山が荒れることなく、有用材などのお金になる木が育つようにして、自然災害で人命や財産が失われることないようにする、という大命題がある。
これらの工事が山を極相林という、鬱蒼とした森へ一気に推し進めてしまう結果になった。本来の自然は雪崩や出水により、ところどころで山が削れたり、沢が荒れたり、崖崩れで木が倒れたりするものだ。そのことで山には荒地、草原、疎林、極相林などの多様な環境がモザイク状に見られていた。そこには荒地を好む生物、草原を好む生物、疎林を…極相林を…、と多様な生物が生息できる環境が裏付けされていたワケだ。人が手を加えた山は放置することなく手を加え続け、人為的に多様な環境を維持しないと一気に極相林に突き進んでしまう。結果として鬱蒼とした森に適応した生物だけの世界が出来上がってしまい、生物の多様性は失われてしまうのだ。
「人命・財産・お金」VS「生物の多様性」というテーマに、いかに折り合いをつけていくのか？ 今後の自然環境保全の大きな課題だろう。
そう考えると「八ヶ岳・原村ミヤマシロチョウの会」で行っている作業は、樹木に絡みつくツルやヤブを整理したり、木の枝打ちをしてチョウの飛べる明るい環境を維持することや吸蜜源となる各種の植物が花を着けられるように管理する程度だろう。大々的な生息環境の改善は上記の理由から行えず、気休め程度のわずかなことしかできない。画一的な「公園」のような環境整備の手法はこの場合、マイナス要因になりかねず、手間のかかる地道な作業を続けている。

幼虫はメギやヒロハヘビノボラズという草地に生える植物しか食べないので、鬱蒼とした森ばかりになると、消えてしまうのだ

2014～2015年の調査では、「限りなく絶滅」だった。現在はその復活を夢見て活動を続けている

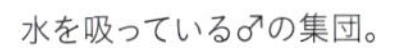

水を吸っている♂の集団。

ミヤマシロチョウの力強い飛翔。

Photo by 青木由親

《ぽんぽこ先生からの出題》

シロチョウの名前を当ててみよう！ それぞれヒメシロチョウ、モンシロチョウ、スジグロシロチョウというチョウだよ。

白地に斑点がある白いチョウは、どれもみ～んな「モンシロチョウ」だと思ったら大マチガイ。集合したチョウたちをよく観察して答えてほしい。さて、出題です！

どれもハネが白いチョウだから違いが微妙だよね…

3人組アイドルの中で、お姫さまっぽい子がヒメシロチョウですよねぇ。だんだんわかってきましたよ!

Illustration by 藤真拓哉

紋があるモンシロ、華奢なヒメシロ、筋が黒いスジグロシロ！

モンシロチョウ

♂

表は白くてスジグロシロチョウに似ている！

ヒメシロチョウ

♂

ハネに透け感がある。

スジグロシロチョウ

♂

スジグロ（筋黒）の名の通り、翅脈（しみゃく）がくっきり！

里から深山（みやま）まで春がきた！一面にタンポポが咲く野原にモンシロチョウはよく似合う。

モンシロチョウ　ダンスが冴える銀髪の女の子

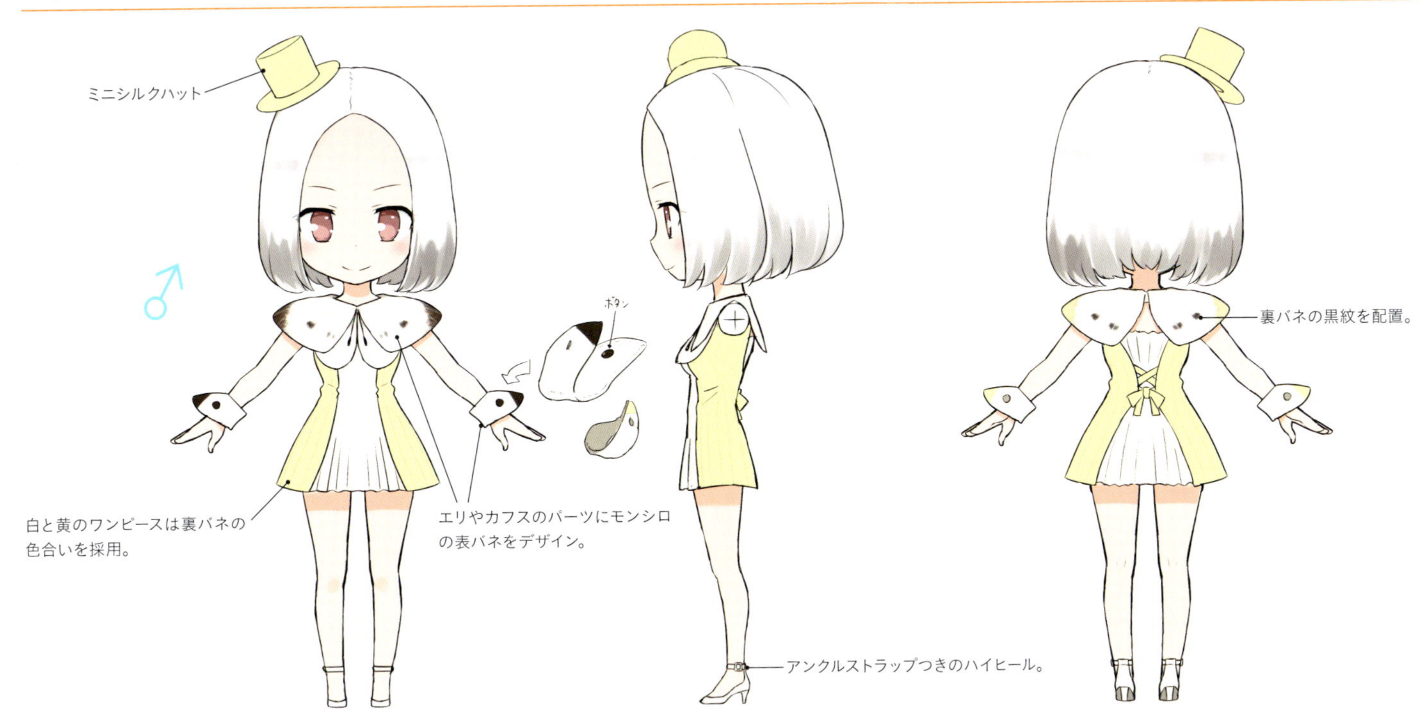

＊54～56ページのイラストではノリノリのハイテンションで、背中に実物のハネを出している状態。シチュエーションによって、それぞれの科を象徴するマークの「バタフライ・エフェクト」を表示している場合（4ページ参照）もある。

ユウゲショウの花にきたもの。
モンシロチョウらしい黒紋がよく分かる。
Photo by 高橋修吾

ノリノリのハイテンションなステージで、ハネを出してスペシャルアピールしてますね！

「ハネを出して」ってハネは最初から出てて…あ、ワカバちゃんには美少女に見えてるんだっけ

ヒメジョオンに止まっているモンシロチョウ。
ハネの裏は黄色を帯びている。黒紋がはっきりとしていないタイプ。

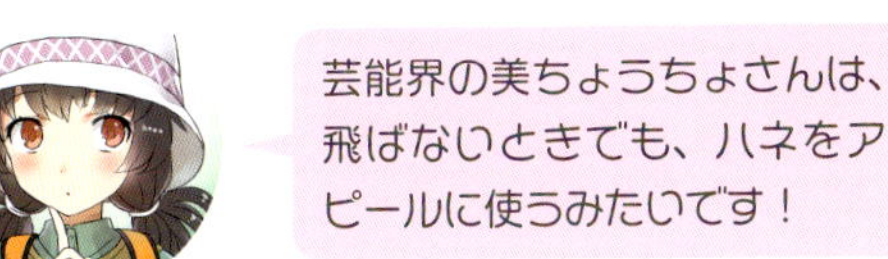

芸能界の美ちょうちょさんは、飛ばないときでも、ハネをアピールに使うみたいです！

ハネの参考イラスト

赤いラインで翅脈を描き起こしてある。

モンシロチョウ

レア度 ★　　食草 栽培種のキャベツ、ダイコンなど（アブラナ科）

全国に広く分布する普通種。　白地に黒い斑紋があることからモンシロチョウと呼ばれてはいるが、春一番に羽化するものは黒紋の発達が弱く「ただの白いチョウ」である。普通種だが都会では意外に見かけることは少なく、次に紹介するスジグロシロチョウのほうが多いようだ。これはモンシロチョウが栽培種のキャベツなどを好むので、畑などがたくさんある明るく開けた郊外に多いからだろう。近年は家庭菜園などでアブラナ科の植物を無農薬で栽培する人が増えたことから、街中でも数は増えているように感じる。

ヒメシロチョウ 美脚で魅せるロングヘアの姫

吸水は見られるが、花の蜜を吸う姿をなかなか見せてくれない。

わぁ〜、ほんとにお姫さま的で、おしとやかに見えて実は、おてんば…みたいな素敵なコですねぇ

植物に止まったヒメシロチョウ。

ハネの参考イラスト

♂

表

ヒメシロチョウに似たチョウ

ヒメシロチョウ

レア度 ★★★　食草 ツルフジバカマ（マメ科）

北海道、東北〜中部、中国地方、九州の阿蘇・九重の各地の草原に生息している。どこの草原でも普通に見られる種ではなく、発生地は非常に限定的。生息環境が良いように見受けられる北海道の草原では、エゾヒメシロチョウという近縁種は健在なのに、ヒメシロチョウだけが激減していて不思議だ。ほかの地域でも急速に数を減らしている。
このチョウは細長くシャープで、ハネ先に黒紋だけというシンプルさがなんとも美しい。春に見られる成虫は黒紋もない。名前の通り「姫」という言葉がピッタリだ。体も細くスマート、ハネも薄くやや透けているのでひ弱に見えるのだが、暑い草原をヒラヒラといつまでも止まらず飛び続ける力強さも備えている。

スジグロシロチョウ ツインテールの愛らしい小悪魔

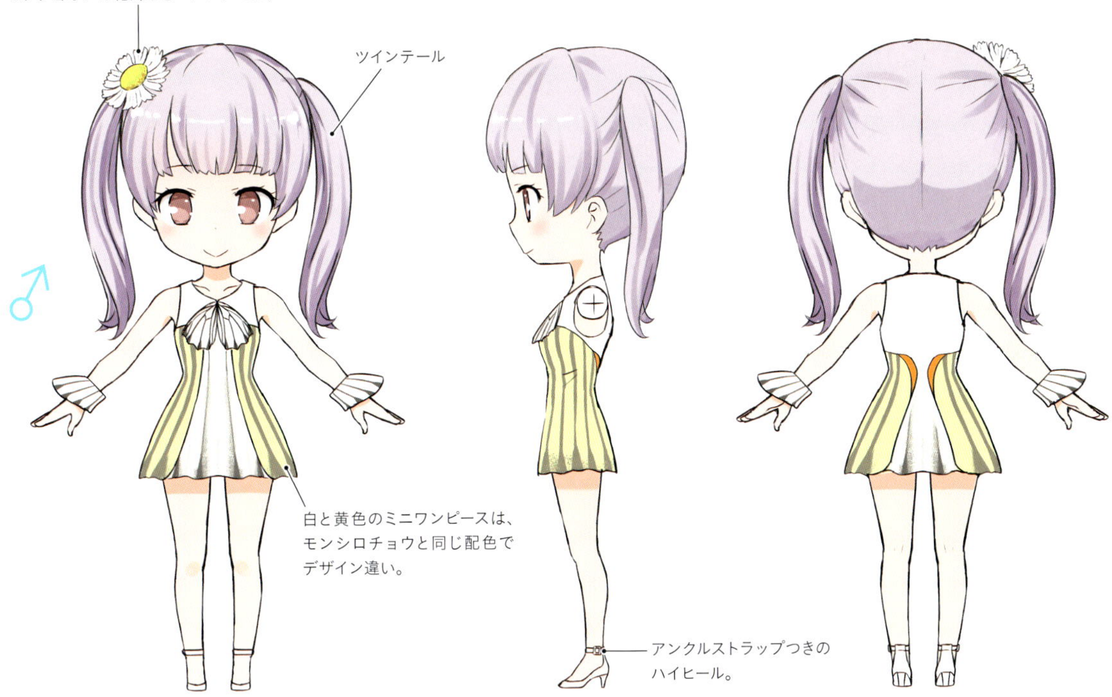

葉に止まっているスジグロシロチョウ。

裏の翅脈もくっきりと目立つ。

モンシロチョウさんがしゃべると、スジグロシロチョウさんが鋭い突っ込みを入れてくるので、小悪魔っぽいコって思ってるそうですよ！

ワカバちゃんったら、モンシロチョウに直撃インタビューしてるみたい〜〜
観察日記ではシロチョウ３人組アイドルユニットになっているワケね…

菜の花に止まっている様子。 *Photo by* 久松緑

スジグロシロチョウに似たチョウ

エゾスジグロシロチョウ

ヤマトスジグロシロチョウ

ハネの参考イラスト

翅脈（しみゃく）が黒くはっきり見える。

スジグロシロチョウ

レア度 ★　　食草 タネツケバナ、イヌガラシなど（アブラナ科）

北海道〜屋久島まで広く分布している。モンシロチョウと混同し、「あら！モンシロチョウだわ！」とひとくくりにされていることが多い。名前の通り翅脈（しみゃく）に沿って黒いスジが発達していて区別ができる。このチョウはモンシロチョウが食べるキャベツなどの栽培種よりもタネツケバナなどの野生種のアブラナ科植物を食草にし、渓谷などのやや狭い環境を好むので、ビルの谷間などにも適応している。近縁種にエゾスジグロシロチョウ（北海道）とヤマトスジグロシロチョウ（北海道・本州・四国・九州）というそっくりさんが生息している。

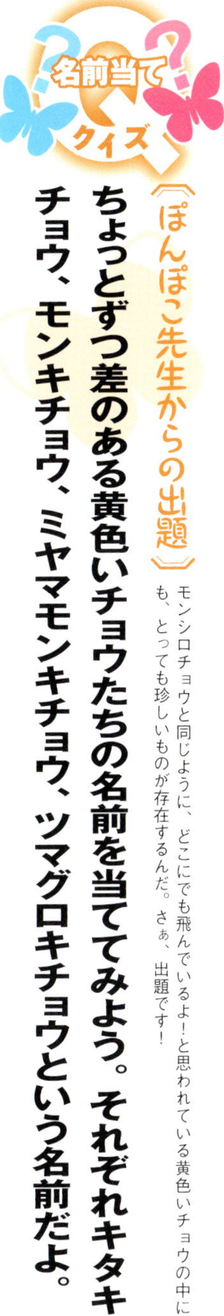

名前当てクイズ

《ぽんぽこ先生からの出題》

ちょっとずつ差のある黄色いチョウたちの名前を当ててみよう。それぞれキタキチョウ、モンキチョウ、ミヤマモンキチョウ、ツマグロキチョウという名前だよ。

モンシロチョウと同じように、どこにでも飛んでいるよ！と思われている黄色いチョウの中にも、とっても珍しいものが存在するんだ。さぁ、出題です！

身近なキチョウからめったに見られないものまで、黄色いチョウはいろいろいるのよ
よ～く見れば、名前はすぐわかっちゃう☆

キチョウの皆さん、み～んなメリハリボディなんですねぇ。わ～っ、キレイすぎてまぶしいです

Illustration by うりも

左からモンキチョウ、ミヤマモンキチョウ、キタキチョウ、ツマグロキチョウ

モンキチョウ
♂
紋が目立つ。

ミヤマモンキチョウ
♂
前後のハネに黒い帯。

キタキチョウ
♂
前バネ縁に黒い帯くっきり。

ツマグロキチョウ
♂
前バネの先が尖っている。

今回は特別に４匹のチョウに並んでもらったけど、ミヤマモンキは高山チョウだし、ツマグロキチョウは南のほうに生息してるから、一緒に飛んでるのはありえないわね～～

ミヤマモンキチョウ

レア度 ★★★★　食草 クロマメノキ（ツツジ科）

中部山岳に生息する高山チョウ。分布は北アルプスと浅間山系の２地域の高標高地に限られる。幼虫のエサはクロマメノキというブルーベリーに似た実をつけるツツジ科の植物である（実は濃厚で美味い。アサマブドウとも呼ぶらしい）。このチョウは平地の原っぱで見かけるモンキチョウに似ているが、ハネの縁、触角や足などに濃いピンク色の微毛が生え、なんともいえない妖艶な雰囲気を醸し出している。朝露に濡れたミヤマモンキチョウに出会えると、高い山まで苦労して登ってきてよかったと思える。

羽化したてのミヤマモンキの♂。
枝の下に抜け殻になったサナギが。

美人で美ボディモデルさんたち、ビーチに集合っ！自然な感じでなごやかぁ～な、ポージングですねぇ

クロマメノキで休むミヤマモンキ。
触角や脚部分などもピンク色。

ミヤマモンキチョウとキタキチョウ グラビアを飾る水着アイドルたち

ミヤマモンキチョウ

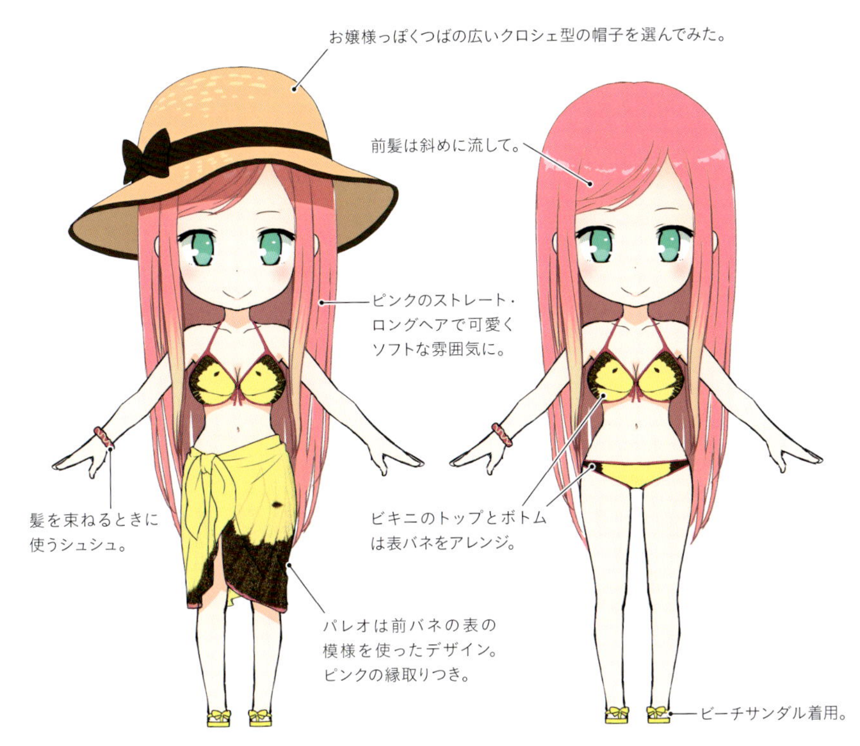

ハネの参考イラスト

表の前バネと後ろバネに黒い帯があり、ピンク色の微毛で縁取られている。

前バネは黄色、後ろバネはうぐいす色の鱗粉で小さな白点がある。

キタキチョウ

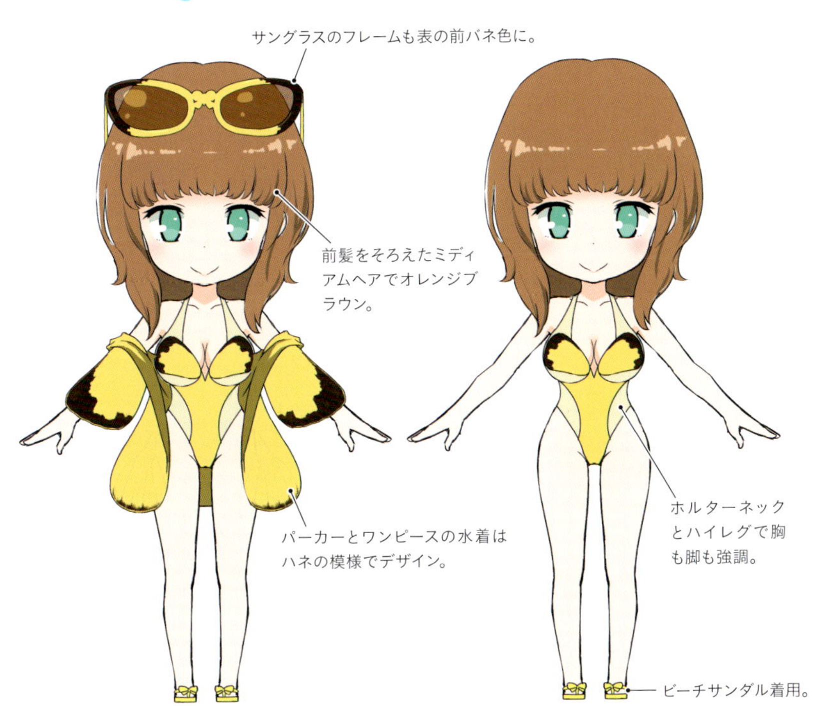

キタキチョウのくわしい説明は65ページなのだ！

ハネの参考イラスト

表前バネに不規則な黒い帯、後ろバネには細い帯。

モンキチョウとツマグロキチョウ 清楚でグラマーな水着アイドルたち

モンキチョウ ♂

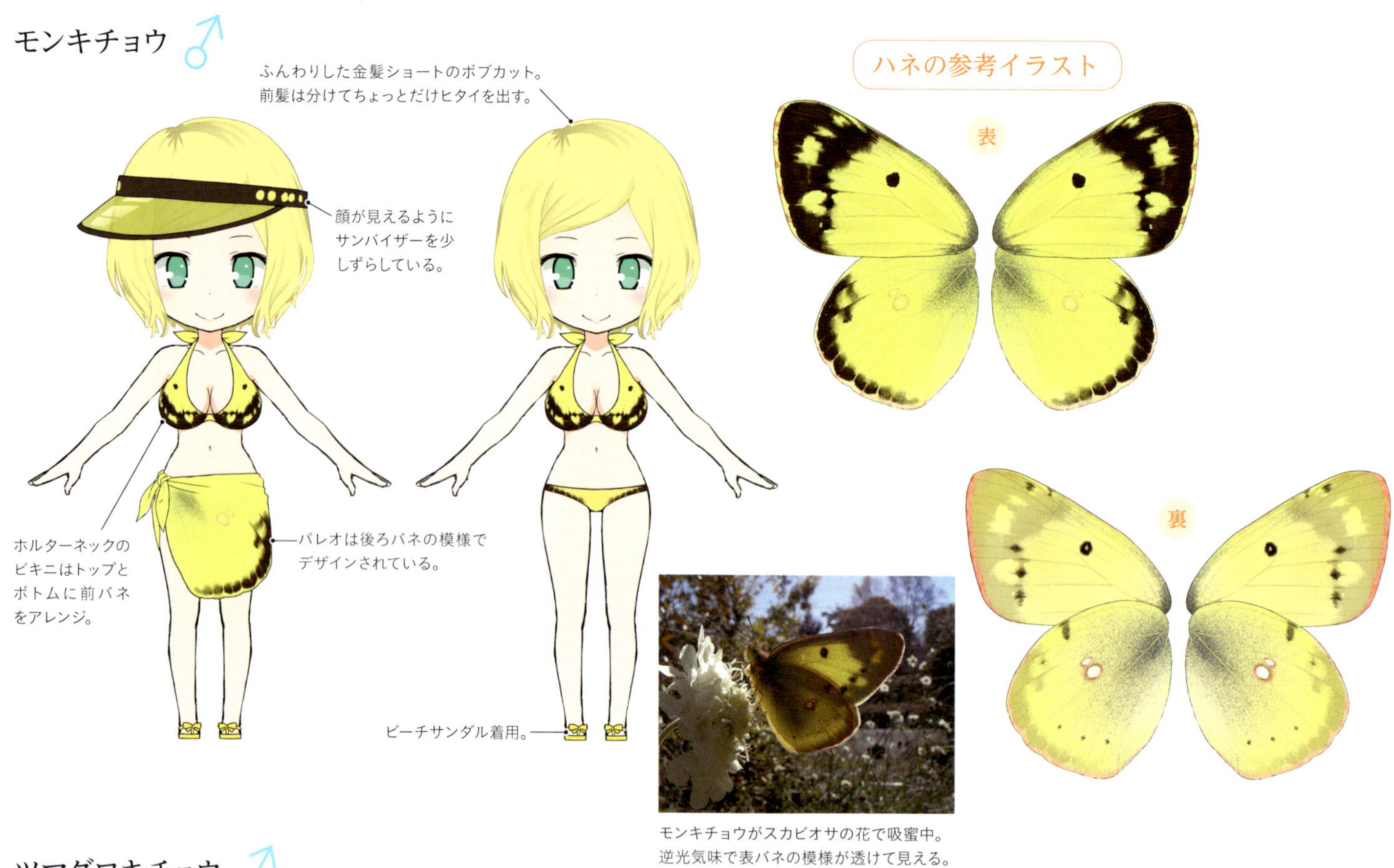

モンキチョウがスカビオサの花で吸蜜中。
逆光気味で表バネの模様が透けて見える。

ツマグロキチョウ ♂

ブログ「安曇野の蝶と自然」より
草むらに潜むツマグロキチョウ。裏の
後ろバネにはスジ状の模様が見える。
Photo by 小田高平

キタキチョウ

レア度 ★★　食草 ネムノキ、ハギなど（マメ科）

以前は単に「キチョウ」と呼ばれていたが、2種に分けられて「キタキチョウ」と「ミナミキチョウ」になった。ミナミキチョウは南西諸島に分布し、キタキチョウは本州から南西諸島に分布する。困ったことに、外見での識別は困難だ。キタキチョウはネムノキやハギ類のマメ科に産卵、幼虫のエサにしている。普通種だが、ある程度の緑が固まってある場所を好む。春から数世代を繰り返して発生する。黄色のハネに黒い縁取りが見られるが、秋遅くに成虫になるチョウは黄色に極細の黒スジか、無紋で黄色一色である。この黄色いチョウは低木や草の中にもぐり込んで成虫のまま越冬をする。個人的な感想では、この越冬するチョウは「清楚で美しい」と感じるのだが、夏に見られる黒帯が太いものは、なんとなくやぼったい！

吸水中のキタキチョウ

モンキチョウ

レア度 ★　食草 レンゲ、シロツメクサなど（マメ科）

全国分布。沖縄の海岸から北海道の北の果てや北アルプスの高山帯にまで姿を見せるスーパーなチョウ。幼虫のエサがマメ科なので、さすがに街中では見かけることは少ないが、河川の土手や耕作地周辺、荒れ地などの開けた場所で緑があれば普通に見られる。その生態もスーパーで高温や低温にも強く、夜間にマイナスになるような季節でも昼間に元気な姿を見せる。幼虫は真冬でもチビチビとエサを食べ、少しでも気温が上がり始めると成虫になって姿を現す。生態が調べられていなかったころは成虫で越冬すると思われ、「越年蝶（おつねんちょう）」と呼ばれていた。それほどの普通種で☆1個であるが、その個体変異の幅が大きくモンキチョウをコレクションするときりがない。海外の高山や極地には近縁種が多く、海外の愛好者には人気があるグループだ。

＊個体変異…顔や姿が人それぞれ異なるように、同じ種のチョウなのに、模様や色合いなどに差ができること。

交尾中のモンキチョウ。黄色い♂に白い♀のペア（♀には白色、クリーム色、黄色とバリエーションもある）。

交尾を拒否するメス（左）に迫るオス（右）のツマグロキチョウ。　*Photo by* 小田高平

ツマグロキチョウ

レア度 ★★★☆　食草 カワラケツメイ（マメ科）

宮城県以南〜屋久島（やくしま）まで分布しているが、各地で減っている。奄美大島や沖縄でも時折発見されるが、迷蝶かその子孫の一時的な発生だと思われる。キタキチョウに似ているが、ツマグロキチョウはハネの先端が尖り、その部分に黒い紋が見られる。また、非常に偏食（へんしょく）でカワラケツメイというマメ科の植物しか食べない。ほかのマメ科も食べられれば、もっと生きるのに苦労しないのに…と思う。カワラケツメイという草は低温では育たず、やや温暖な地域でしか見られない。また、ほかの植物が茂ってくると姿を消してしまうのだ。台風などでの出水で草が流された後のような荒地や、栄養が乏しくいつまでも荒地のままのような場所にしか見られない。エサの植物が気難しい性質なので、チョウの分布も限られてしまうわけだ。

＊迷蝶…本来生息していない場所に台風などにより運ばれてきたチョウのことを指す。

うっかり転んで資料を床にぶちまけてしまい、半ベソをかいているぽっちゃりナース。

Illustration by うりも

ヤマキチョウ ぽっちゃり気味な白衣の天使

ヤマキチョウ

ヤマキチョウに似たチョウ

スジボソヤマキチョウ

ヤマキチョウ

レア度 ★★★★　食草 クロツバラ（クロウメモドキ科）

分布は群馬、長野、山梨、岐阜（青森と岩手は絶滅していると思う）など。軽井沢、菅平、開田高原、霧ケ峰、清里、本栖高原、北富士演習場…のような、すべてパッカーン!!と開けた大草原が生息環境なのだ。自衛隊の演習地は大草原で、各種の草原性のチョウが多く生息している。どうやら昆虫も守ってくれているようだ。クロツバラという低木を食樹にしているが、この木もやっかい者でトゲがあり、役に立たないように見えるので、すぐに切り捨てられてしまう。こうしてヤマキチョウは急激に姿を消している。

♂は黄色、♀はキャベツ色でハネ先が尖った独特なハネの形をしており、カッコイイ！ハネの面積と比較して、胴体は太くて筋肉質（？）に感じる。この筋肉質な体型が生態面に影響しているようだ。

このチョウは7月ごろからダラダラと成虫になり、そのまま夏眠してしまう。お盆前後に何日かは飛びまわるが、ほとんど行動しないと思っていい。9月～10月の秋晴れの日にアザミで吸蜜する個体を見かけるが、元気に飛び回るというようなことは少なく、そのまま越冬。太い体に栄養をため込んでいるためか、ほかのチョウのように花で積極的に栄養を摂取する必要がないようだ。越冬からゴールデンウイークごろに目覚めると元気に飛ぶ日があり、その時に交尾する。そしてダラダラと産卵を7月まで行う。そのために7月には昨年から生きている産卵中の越冬成虫と、早く産卵されて順調に育った新成虫が同時に見られることも稀に起こる。

ほかのチョウは発生時期に元気に飛ぶのが普通だが、ヤマキチョウはじ～っとしている。ただし、示し合わせたように特定の日に飛ぶ。

このように非常に変わったチョウだ…これはあまり知られていない、図鑑にも出ていないのだ！

3 人には見えてない

4 おとなの味

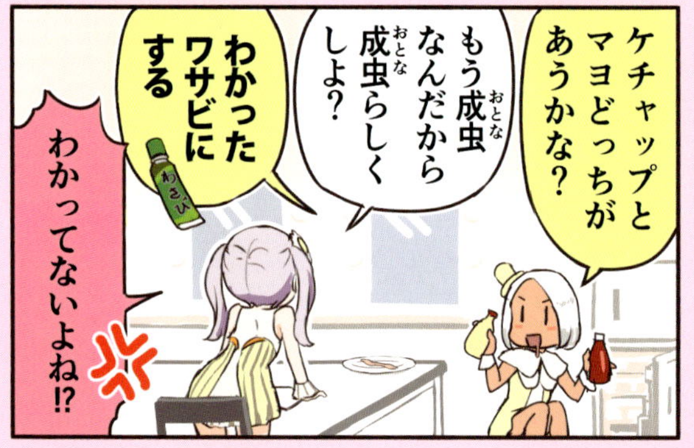

モンシロチョウはワサビの葉も食べま～す。ワサビはアブラナ科なんだね（ぽんぽこ先生より）。

シジミチョウ科

イチョウの葉に止まるウラギンシジミ。

Introduction

ぽんぽこ先生が語る『シジミチョウ科』とは？

アリと「関係アリ」のチョウたち

小さな愛らしいチョウ。アリと仲が良い種が多く、背中から甘い露をアリに与えて外敵から守ってもらったり、フェロモンでアリをコントロールしたり、薬物でアリを薬中にしたりと面白い。さらにアリの幼虫に化学擬態をして働きアリに育ててもらう種や巣に運んでもらいアリの卵や幼虫をむさぼり食う種までいる。なかなかシジミはスゴい！

＊化学擬態…化学物質を使って相手を欺く擬態方法。ここではニオイ物質でアリの幼虫になりすましてアリをダマすこと。

ウラギンシジミ亜科
1 ウラギンシジミグループ

アシナガシジミ亜科
2 ウラギンシジミグループ

とても大ざっぱではあるが、この7つのグループとして紹介する！

シジミチョウ亜科
3 キマダラツバメ族
4 ミドリシジミ族
5 ベニシジミ族
6 カラスシジミ族
7 ヒメシジミ族

クロオオアリに世話をしてもらうクロシジミの小さな幼虫。

クロシジミの成虫。

越冬するウラギンシジミ（p.76参照）。

1 ウラギンシジミグループ

独立したウラギンシジミ科とされていたり、シジミタテハなんじゃない？ などと分類が迷走したが、シジミチョウ科に含まれることになった。一般的なシジミチョウと比較すると違和感バリバリのチョウだ。飛び方はシジミチョウとしては力強く、チカチカと裏面の白銀を輝かせて飛ぶ。越冬も成虫で行うなど違和感はぬぐえない。

2 アシナガシジミグループ

ゴイシシジミとシロモンクロシジミが含まれる。脚が長く毛がモサモサしているのでアリの攻撃から身を守るのに役立っているといわれる（くわしくはゴイシシジミの解説にて）チラチラと林床を舞う可愛いチョウだ！ 幼虫で越冬。

ササに止まったゴイシシジミ（p.78参照）。

3 キマダラルリツバメグループ

日本には1種しか分布しておらず、アリの巣の中でアリによって育てられる。このチョウの近縁種は熱帯地方に多く、アリに育てられる…と予想していたが、見事に外れて普通のチョウだった！ このキマダラルリツバメが特に変わり者だという証明になったワケだ。♂が夕方に枝先などで縄張りを作って飛ぶが、小さく猛スピードで飛ぶため、まるでハエのように見える！（夕方以外はほとんど飛ばない）。幼虫で（アリの巣の中で！）越冬。

キマダラルリツバメ（p.84参照）

4 ミドリシジミグループ

５００円玉よりやや大きめなサイズで、金緑色や金青色・オレンジ色・真珠色などの鮮やかな色彩が特徴。珍しいわけではないが、木の上で生活していたり、明け方や夕方にしか飛ばないのでなかなか目につかない。 日本産のチョウの中で一番美しいグループだと思う。朝日や夕日の中でキラキラと輝きながら高速で飛ぶ様子は息をのむ美しさ！ 越冬は卵。

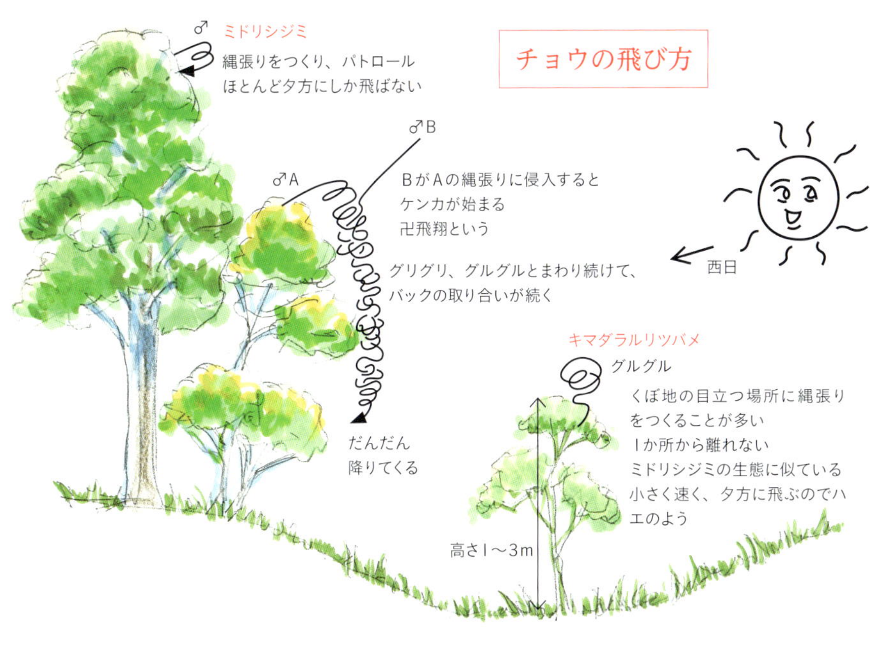

ハネを広げて休むジョウザンミドリシジミ。

5 ベニシジミグループ

ベニシジミ１種しか分布していない。光沢のあるオレンジ色に黒い斑紋がちりばめられた美麗種。朝鮮半島からヨーロッパにかけて大陸には多くの種が生息する。日本のベニシジミはスイバやギシギシなどをエサにしているので、土手などに行けば出会うチャンスは多い。飛び方は敏速だがすぐに止まる。幼虫で越冬するが、真冬でも暖かな日にはエサを食べている。

スカビオサの花で吸蜜するベニシジミ。

葉に止まったカラスシジミ。

6 カラスシジミグループ

茶色ベースの小さなシジミで、ミドリシジミグループに似た生活をしている玄人好みのチョウ。越冬は卵。飛び方はミドリシジミグループによく似ているが、枝先で小さな縄張りをつくるように旋回していたり、敏速に飛び回るのが見られる。昼間は下草のヒメジョオンなどの花に止まり、あまり動かない。いつの間にか花に止まっている感じで、木の上から降りてくる様子を見るのは至難のワザ。このグループにはイワカワシジミ属という変わりモノも含まれる。

7 ヒメシジミグループ

♂の表側は水色で、裏面は灰色である。ごく一般的に考える「シジミチョウ」のイメージに一番近いだろう。庭先や公園で地面近くを這うようにチラチラと飛ぶ、このように可愛い小型の種が多い。クロシジミはこのグループに入る。越冬態は卵、幼虫、サナギと種によりバラバラ。

ハネを開きかけたヒメシジミ。

《ぽんぽこ先生からの出題》

つがいのウラギンシジミが紅葉の中を舞っています。オスとメスを当ててみてね！

チョウの名前には「ウラナミ（裏波）」「ウラキン（裏金）」など、「ウラ」のつくものがあるんだ。ハネの裏に特徴があるという意味で、性格に裏があるとかいったヤバいものじゃないからね。そこで、質問です！

ウラギンって、裏バネが銀色に輝いてるからつけられた名前なの。ピンク色の花は食草のクズという植物なんだよ。

クズの花って初めて見ましたぁ、着物のおしゃかわなコってとぉ〜っても好みです

ワカバちゃん、今度は和装のキャラに見えるんだね…

Illustration by 藤ちょこ

表バネに赤紋がオス、水色っぽい銀色の斑紋がメス！

＊頭身の高いイラストではかなりハイテンションで、背中に実物のハネを出している状態。

前バネ先端（○をつけた部分）の尖り具合（♂♀共通）で発生時期（春か秋か）が特定される。秋型のチョウはここがより尖っている。着物のソデ部分は前バネイメージでデザインしている。

シジミチョウ科のバタフライ・エフェクト

歌舞伎の「藤娘（フジむすめ）」からヒントを得た「葛娘（クズむすめ）」コスチューム。

実物のハネを出している場合とチョウの科の象徴である「バタフライ・エフェクト」を表示している場合（ミニキャラ参照）とがある。2タイプのハネは背中に格納している。

ウラギンシジミ 艶やかで色っぽい舞姿の花の精

サナギの変化

①丸くて緑色のサナギ（表側）。中央下に白いマーク入り。

②羽化が近づくとハネが透けて見えてくる（裏側）。

③ハネに模様が見えてきた！（裏側）。

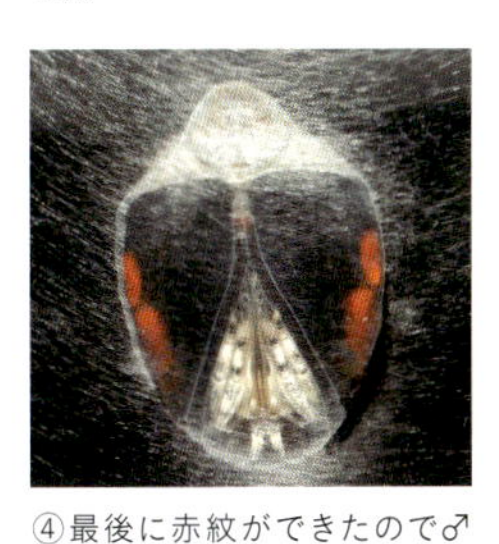

④最後に赤紋ができたので♂（裏側）。

ウチら、仲間の美ちょうちょさんたちに頼りにされて往生してるんや〜。
踊りの稽古があるんで、かんにんして…

ウラギンシジミの生態…東北へも進出中

イチョウに止まったウラギンシジミ。この葉は緑だが、黄色くなった葉にもよくやってくる。 *Photo by* 高橋修吾

ウラギンシジミ

レア度 ★★　食草 クズ、フジなど（マメ科）

北海道を除く本州以南に分布する。南方系のチョウで高寒冷地には少ないので☆3個にするか悩んだが、東北地方などへの進出を考えて☆2個に抑えた。ハネの裏面が白銀であることから名づけられた。表面は黒地に赤紋が♂。同じく黒地にやや水色っぽい銀色の斑紋が♀である。なぜだか♂に比べて♀を見かけることが非常に少なく、♀に出会えたらラッキーだ。このチョウはほとんど花で蜜を吸わず、熟して落ちた柿や動物のフン、生き物の死体などで吸汁している。さらに♂は道端の湿った場所で吸水する姿をよく見かける。☆2個の理由は、もともと東海地方から西の暖かい地域には普通に見られるチョウだったが、何故だか甲信越や東北地方でも見かけることが多くなったから。ほかの北進しているチョウはエサである植物が街路樹として植えられたり、園芸種として出荷されたりと植物の移動が原因で分布が広がっている。ところがこのチョウの幼虫のエサは、公園や庭にあるフジや荒地、雑木林、土手などで普通に見られるクズなどのマメ科植物だ。これらの植物はもともと寒い場所にも見られるので、分布拡大はナゾなのである！ 幼虫は成虫と異なり、非常に美食家でマメ科植物のツボミや花を食べて育つ。春にはフジの花、夏～秋にはクズの花を食べ、成虫のまま越冬する。

私は成虫よりも幼虫のヘンテコリンな姿にヤラレてる！ まるで、ナメクジのようでツノまで生えている。なんと、ツノがあって頭に見えるほうがお尻だ。バックするのも上手く、前進・後退自由自在！ さらにさらに！ 背中に触れるとツノから妙なハタキのようなものが飛び出し、「ブンブン…」と回転するのだ

ヘンテコ可愛い幼虫。

ウラギンシジミの♂。

ツノからハタキ（静止画像では線香花火のように見える）を出して回転させるというオモシロ機能つき。背中に止まった寄生バチなどを追い払うためだろう。

花のツボミしか食べないからうっすらピンク色…超グルメな幼虫なんだね～
ヘンなエフェクトみたいなのがツノから飛び出しでビックリ！

ウラギンシジミの♀。 *Photo by* 高橋修吾

わぁ、キモかわいぃ幼虫さん～～。
どんなときに、花火が出るんだろ、つんつんしたくなってしまいますねぇ。
突っついたらかわいそーかな

ゴイシシジミ 超肉食系の美ちょうちょお嬢様

ゴイシシジミ

レア度 ★★★★　幼虫のエサ タケノアブラムシなどのアブラムシ

裏面の白地に黒いテンテン…それを碁石（ごいし）にたとえてゴイシシジミと名づけられた。表は通常は黒一色だが、稀に♀の前バネに白紋が見られることがある。分布は北海道から九州と広く、平地から山間部の林やササヤブなどに見られる。だが、「どこで見られますか？」と聞かれても、「○○山のあの辺り！」とは答えられないチョウなのだ。その原因は幼虫のエサにある！ アブラムシ（アリマキ）をエサにしている「肉食系の美ちょうちょ」だからだ。このアブラムシが何かの拍子で爆発的に増えると、どこからかゴイシシジミがやってきて…大発生する！ ところがアブラムシが増えるとササなどが弱ってしまい、アブラムシの姿が消えてしまう…もちろんゴイシシジミも消えてしまう。このように神出鬼没なだけで、珍品というワケではないけれど、出会うチャンスがとても少なく、サイズも極小なので☆4個。

ハネの参考イラスト

表

♀は♂と比べて前バネが丸みを帯びているのが特徴。

ゴイシシジミ（裏）

ハネはいろんなゴイシ模様があって美しい。

お嬢様は…美味しいカラアゲ（タケノアブラムシ）を求めて今日もお散歩中。

ゴイシシジミの生態…神出鬼没の美ちょうちょ

枯れそうなクマザサ（タケノアブラムシ大発生の影響…）で休憩中のゴイシシジミ。

枯れそうでカールしたササの葉の上にサナギの殻があった。

サナギの抜け殻。

大量のアブラムシに汁を吸われ、すっかり弱ってしまったササでゴイシシジミが大発生中！
幼虫の時期はアブラムシを食べ、成虫になるとこのアブラムシの分泌液を吸って生活している。
Photo by 高橋修吾

アリと共生するチョウ オオゴマシジミ、キマダラルリツバメ、ムモンアカシジミ

アリと暮らす虫のことを好蟻性（こうぎせい）昆虫とも呼びます。アリと関わるシジミチョウを紹介しましょう。

アリと関係するシジミチョウって多いんですって。
な～んと、アリにお世話をしてもらうのもいるんだよ

あれれ～シジミチョウのお嬢様たちが楽しそうにおしゃべりしてますねぇ。
あららぁ…執事さん大忙しみたい！
お菓子づくりで散らかったキッチンのお片づけに走り回ってるぅ～～

アリによって育てられたり、アリがガッチリとボディーガードをしてくれるチョウは「蟻（アリ）チョウ」と呼ばれているのだ！
さて、３人のアリ執事は、どのお嬢様の担当だろうね？

男装の執事たち

お嬢様にかしずくアリ執事

働きアリは全員メスなので、執事はみ～んな男装の女の子。シジミお嬢様たちがご幼少のときに、陰日なたなくご養育した実績を持つ。

オオゴマシジミ

執事に手伝ってもらって、久しぶりにかしわもちをつくってみたのよ。お二人のお口に合うかしら…

ムモンアカシジミ

あら、ステキ！ わたくし、小さいころからかしわの葉っぱが大好きなの。

オオゴマ様、覚えていてくださったのね御夕食はお肉料理なのぉ…美味しそう

キマダラルリツバメ

とっておきのさくら茶も召し上がってね。

そうそう、お夕食は手配しておいたわよ。
前菜に牛ハツのコンフィ、メインはフォワグラとヒレ肉のロッシーニ風の予定…お楽しみに！

お茶会をしている蟻(アリ)チョウのお嬢様たち。奥の台所で執事たちは大忙しのようだ。大変なごやかに会話がはずんでいるが、令嬢たちの幼少時代はなかなか壮絶なものであった…。その生い立ちの解説は82ページ。

Illustration by うりも

オオゴマシジミ アリを食い物にするお嬢様

蟻チョウたちの実態

オオゴマシジミ

アリ執事を食い物にする恐ろしいお嬢様

幼少時代はアリを襲って食べる生活。巣に運ばれて、シワクシケアリの卵や幼虫を食べて育つ。

キマダラルリツバメ

アリ執事に甘える無邪気なお嬢様

アリをダマしてアリに育ててもらう。子どものころは口移しでハリブトシリアゲアリと同じものを食べて育つ。ときどき直食いもする。

ムモンアカシジミ

守ってあげたくなってしまう腹黒お嬢様

幼少期はクサアリやクロクサアリなどをダマして守ってもらう。
アリが家畜のように育てているクリオオアブラムシを横取りして食べてしまう…。

※ただし、幼虫時代の生態。

キマダラルリツバメとムモンアカシジミ アリをたぶらかすお嬢様

蟻チョウたちの生態…オオゴマシジミ、キマダラルリツバメ、ムモンアカシジミ

オオゴマシジミ

レア度 ★★★★☆

幼虫のエサ カメバヒキオコシ、クロバナヒキオコシなど（シソ科）＋シワクシケアリの幼虫

「超肉食系美ちょうちょ」で「蟻チョウ」。分布は北海道、東北、甲信越の山間部の山奥に限られる。崖崩れ、雪崩、出水で木が流される…などで森林の崩壊が起きた後にできる草原に、しがみつくように生息している。このような場所にしか茂らないカメバヒキオコシなどのシソ科植物のツボミに産卵し、幼虫はツボミや花を食べる。花が終わるころにはシワクシケアリというアリが現れ、幼虫に噛みつき自分の巣に運び込むのだ。（文献やネット上でオオゴマシジミを検索するとヤマアシナガアリの名前がよく出てくるが、間違いなので要注意！）巣に運び込まれたオオゴマシジミ幼虫は何をするのか？何とシワクシケアリの幼虫を襲って食べてしまう。このような凶暴な外敵を自らの巣に運び込むシワクシケアリに何かメリットはあるのだろうか？ オオゴマシジミにダマされているのか？ とにかく不思議なのだ。もっともらしく「蜜線からアリが好きな甘い汁を分泌して与える」などという文章も多く見かけるが、実際に観察・飼育を行った知人は「巣の中では蜜はほとんど出さないよ！」とのこと。

吸水をするオオゴマシジミを初めて見た。通常は花に来る。オオゴマシジミとは大きなゴマ模様があるシジミチョウで、大きなゴマシジミではないと思う。

ヒメジョオンに止まるキマダラルリツバメ。

キマダラルリツバメ

レア度 ★★★★　幼虫のエサ ハリブトシリアゲアリによる口移し物質

黄色地にマダラ模様があり（裏）、瑠璃色の斑紋もある（表）、燕＝シッポのようなものが後ろバネにチョロリンと生えている、という意味の名前。ほかの虫を襲うようなガッツリな肉食系ではない「肉食系美ちょうちょ」で「蟻チョウ」なのだ。岩手、福島県以南～広島県まで分布しているが、生息地はピンポイントでどこでも見られるチョウではない。なぜピンポイントなのか？ その原因はキマダラルリツバメが「ハリブトシリアゲアリ」の巣の中で育つからだ。このアリはキリ、サクラ、マツなどの古木などの朽ちた部分に巣を作り、その中で生活している。巣を作る条件の木は多くない。キマダラルリツバメはアリのニオイ（フェロモン？）を感知してアリの巣の付近に産卵するのだ。卵から孵化（ふか）した幼虫は自らアリの巣に潜り込んでいく。巣の中で幼虫はアリから『口移しでエサを与えられて育つ！』。時にはアリが貯蔵したエサを直接食べることもあるという。人工飼育を行う場合には「ディスカスハンバーグ（滅菌された牛の心臓＝ハツが原料）」という熱帯魚のエサを与えると無事に育つので、アリが口移しで与えているものは昆虫の筋肉などのタンパク質だと思われる。

大昔に訪れたポイントは寺院や学校などだった。その後、いくつかの県の天然記念物に指定されたが、保護する努力をしないので、その場所では見られなくなった。「木が腐り始めたから危険だ！」「駐車場を広げる」という都合で、巣がある古木を伐採してしまったからだ！ でも、まだ救いもある。このチョウは発生している木を見つけるのが難しいので、見落としが多いように思える。6月の夕方に枝先や空間を見て歩けば、夕日の当たる場所でクルクルと空中戦を演じている姿に出会えるかもしれない。

蟻チョウの仲間

クロシジミ

♂　♀

キマダラルリツバメと同じような生活をするクロシジミ。

クロシジミの幼虫にアリが口移しでエサを与えているところ。

ムモンアカシジミ

レア度 ★★★☆　　食草 カシワ、クヌギなど（ブナ科）＋カイガラムシやアブラムシ

ムモンアカシジミの名前の由来は、表面にほとんど紋がなく、アカ（オレンジ）色だから。

幼虫がカイガラムシやアブラムをバリバリと食らう「超肉食系の美ちょうちょ」で、アリを家来にしてしまう「蟻チョウ」だ！
現在は北海道から滋賀県に分布。過去には離れた広島県で採集されたが、現在は絶滅してしまったようだ。珍しいのだが、北海道〜東北ではそれほどではないので☆4個から－0.5。ムモンアカシジミが好むアリはクサアリやクロクサアリなどで、これらのアリは蟻道（ぎどう）と呼ばれるフェロモンで示された道だけを歩くので、行列しているように見える。ムモンアカシジミはこの蟻道やその付近に産卵するのだ。卵で秋から春を過ごし、初夏のカイガラムシやアブラムシが目立ち始めたころに孵化し、蟻道に沿ってアリと一緒に枝先まで向かう。枝先の新芽にはアブラムシが「チュウチュウ」と葉の汁を吸っているはずだ。アブラムシはアリの家畜といってよく、クサアリなどは保護する代わりに甘露（排泄物だが…）をもらう。初めはアブラムシの甘露をアリと一緒になめたり、意外に多くの葉を食べる。その後は、成長と共に大量に増殖したアブラムシをバリバリと食い始める。家畜（アブラムシ）を食われているのに、アリはムモンアカシジミの幼虫を攻撃せずに外敵から守っているようにさえ見える。特別な臭い（フェロモン？）でアリをたぶらかし、「家畜の世話とボディーガード」のタダ働きをするようにコントロールしているとしか思えない。無事に大きく育った幼虫は巣の近く（多くは木の根元）に下り、落ち葉の裏やドングリの帽子の中でサナギになる。サナギになってもアリは親身になって守り続けるが、成虫になった途端にその魔法が解けてしまい、急にアリに襲われるのだ！サナギから出た直後の脚にはフサフサの白い毛が生え、アリが噛みつくとこの毛が体にまとわりつく。アリは歩みを止めて、執拗に体のクリーニングを始めるのだ。その嫌がり方といったら笑ってしまうほどだ！ 時には大量のアリに襲われて食べられてしまうムモンアカシジミも見られる。

ミドリシジミの仲間（ゼフィルス）は夕方か早朝に行動する種が多く、ほとんどの人はムモンアカシジミも夕方に行動すると思っている。確かに夕方も飛ぶが、ゆっくりと観察できる時間帯は11:00~13:00だ。この時は横に張り出した枝先などでゆるやかに追飛したり目立つ場所に止まっていたりする。花に下りて蜜を吸うチョウに出会うチャンスもこの時刻だ。夕刻には木の上部を活発に飛び、逆光でシルエットだけしか確認できないことが多く、「高い・速い・まぶしい」の三重苦で何が何だかわからないことが多いのだ。

Photo by 高橋修吾

裏面には少し模様がある。

アブラムシにのしかかって食らいつく幼虫。

ココ！

自然の中での様子。卵から孵化（ふか）し、長旅を終えて枝先までやってきた幼虫。アリが見守っている。

《ぽんぽこ先生からの出題》

ミドリシジミが飛んでいます。どちらがオスで、どちらがメスでしょうか？

とても美しくて人気のあるチョウで、ゼフィルス（ギリシア神話の西風の神の名）という学名で有名な種だよ。どちらのチョウも飛び切り美麗だから、ちょっと迷ってしまうかもね。さ～て、問題です。

そうだ! あの超有名な「ヴィーナスの誕生」貝殻の上にヴィーナスが立っているボッティチェッリの絵を知ってるかな! 空中からホオを膨らませて西風を噴き出しているのがゼフィルスなのだ!

オス、メスのどちらかは、なんと4つのタイプがあるみたいね

出題、むずかしーですぅ。キラキラしていて麗しいだけでなく、衣装持ちの美ちょうちょさんなんですねぇ

Illustration by うりも

緑のメタリックに輝くオス、4タイプあるのがメス！

ミドリシジミ ♀表

O型　A型

B型　AB型

ミドリシジミ ♂

ハネの参考イラスト

♂

金属光沢の緑色に黒い縁取り。

茶色の地色に白いラインと赤紋。

A型は「赤」、O型は「ゼロ」なのねー
血液型みたいだけど、意味はシャレっぽくってとってもオモシロ～イ！

ナスのミドリシジミさんったらどのドレスにするか、
お出かけ前にいっつも迷ってるようですよ～

えぇっ…羽化したときに、どのタイプになるか決まってるハズでしょ！

ミドリシジミ ゼフィルスと呼ばれる超絶美ちょうちょ

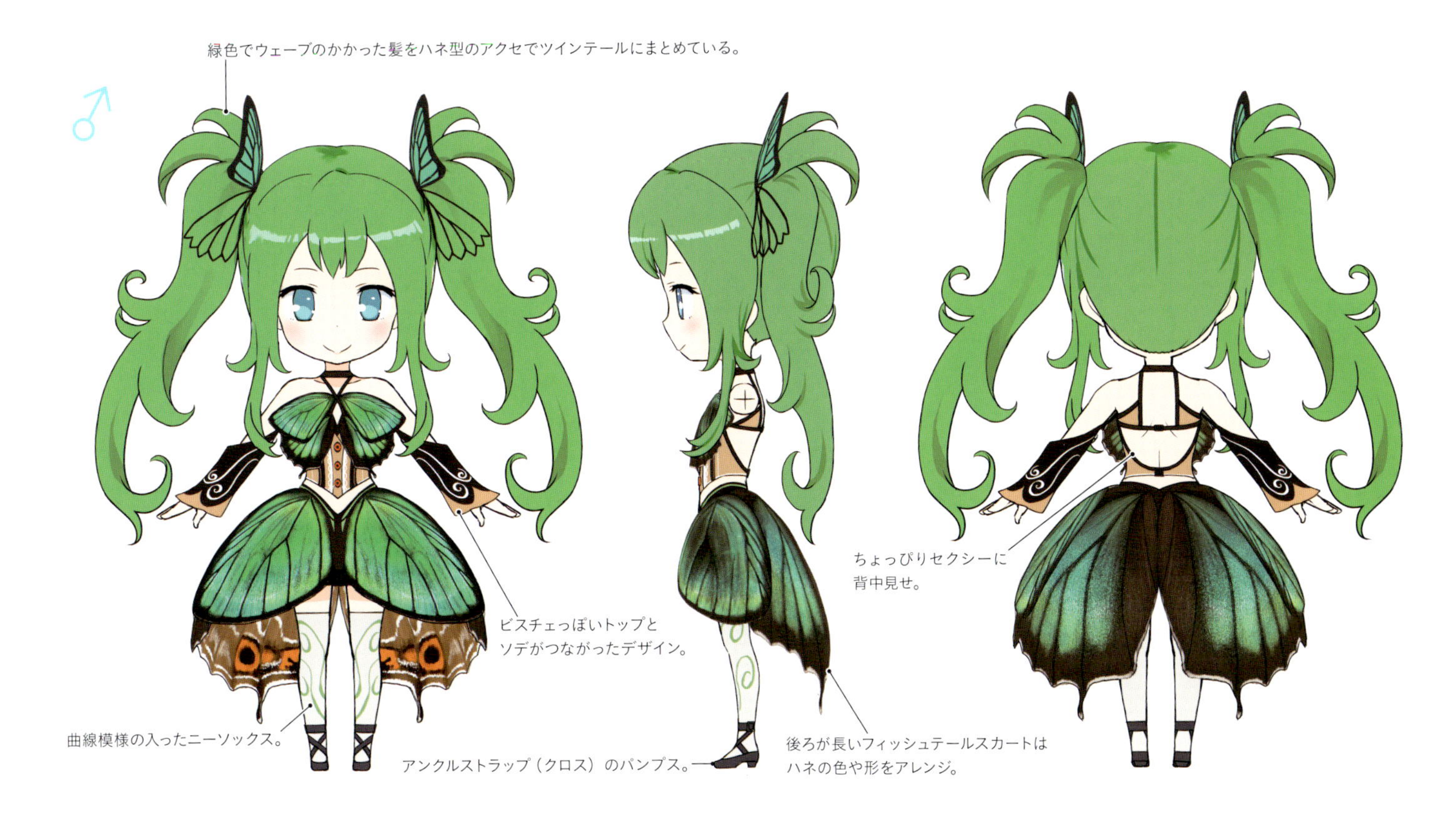

ミドリシジミの仲間の生態…強烈な縄張り争いで空中戦！

ミドリシジミ

レア度 ★★★　　食草 ハンノキなど（カバノキ科）

♂の表面は見事な金属光沢のある緑色。♀の表は紋のない0型、赤い小さな紋があるA型、青い紋があるB型・赤と青紋があるAB型が見られる。裏面はメスオス共に茶色の地色に白いラインと小さな赤紋が見られる。このチョウの一群（ミドリシジミ類）は日本に25種見られ、日本に生息するチョウの約一割を占める。コレクターの多くはゼフィルス（Zephyrus）という過去の分類名を愛着、憧れの思いを込めて使用し、略して『ゼフ』と呼ぶことも多い。ゼフィルスという学名はギリシャ神話の「西風の神」の名前からつけられた。幼虫は湿地に多いハンノキなどをエサにしている。分布も広く北海道以南〜九州では内陸部に見られる。暖地の平地では5月下旬から、高寒冷地では7月下旬から発生を始める。この時期は1日が長く、夕日が横から射し込む時間は18時を過ぎるかもしれない。そんな時間まで粘れば、ハンノキ林の西側で♂が好みの枝先（♀に出会う確率が高い場所）を確保するための縄張り争いを見せてくれる。

西日の当たる枝先で周辺を監視している♂の目前にほかの♂が現れると、スクランブル発進をして追尾する。バックを取られた侵入者もバックを取り返そうと急旋回する。結果2匹の♂はグルグルとバックの取り合いで卍飛翔になってしまう。生息数の多い場所では、このままグルグルしてほかの♂の縄張りに侵入してしまうことも多く、2グルグルに1匹♂追加で3グルグル…でさらに1匹♂追加で4グルグル…ということもある。そして何がスイッチなのかわからないが急にグルグルが終了し、それぞれの♂は止まっていた枝先に物スゴいスピードで戻るのだ！ ♂が卍飛翔している時に、そのすぐ下を♀が短距離を飛んで付近に止まる。するとグルグルはストップし、♂は♀の脇に止まり電光石火で交尾に移る（時には複数の♂が1匹の♀に交尾を迫るが、交尾は当然1匹の♂のみ…）。このような行動を数回目撃しているのでこのグルグルは♀へのアピールなのかな？ 見ていて飽きないし、緑色の金属光沢の美しさにはヤラレテしまう!!

裏バネは地味な色合い。

ブログ「安曇野の蝶と自然」より
撮影者の念力が伝わった！ コナラの木に止まったアイノミドリシジミ♂がハネを徐々に広げていく。
Photo by 小田高平

メスアカミドリシジミの飛翔。 *Photo by* 小田高平

名前に『ミドリ』がつけられたシジミチョウたち…ここには13種類いま～す

ヒサマツミドリシジミ

♂ ♀

食樹はブナ科のウラジロガシ。

葉の上に止まるヒサマツミドリシジミ。

ヒサマツミドリシジミが生息するウラジロガシのたくさんある森。

キリシマミドリシジミ ♂

表 裏

食樹はブナ科のアカガシなど。

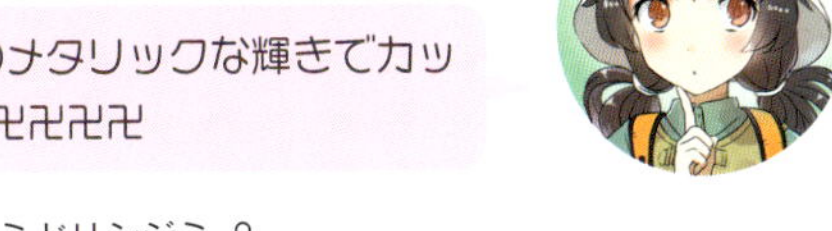

オスは緑や黄緑のメタリックな輝きでカッコイイデス(^o^)卍卍卍卍

キリシマミドリシジミ ♀

表 裏

メスも美しいものが多くて、ファンが多い理由がよ～くわかるよねぇ

どの「ミドリ」も森林が放置されて荒れてしまい、見つけにくくなっているんだよ！

メスアカミドリシジミ

♂ ♀

食樹はバラ科のイヌザクラ、ヤマザクラなど。
メスアカミドリはサクラを食べる変わり者。

メスアカミドリシジミの卵。

エゾミドリシジミ

♂ ♀

食樹はブナ科のコナラ、ミズナラなど。

メスアカミドリさんの卵！この形、どこかで見たような…そうそう、ウニの殻にこんなキレイなのがありましたよ

そのほかの「ミドリ」ちゃんたち

ミドリという名を持つシジミチョウを集合させてみた。シジミの仲間はブナ科の木を食樹にしているものが多い。

アイノミドリシジミ

♂ ♀ AB型

食樹はブナ科のコナラ、ミズナラなど。

オオミドリシジミ

♂ ♀

食樹はブナ科のクヌギ、コナラなど。

クロミドリシジミ

♂ ♀

食樹はブナ科のクヌギ。

ジョウザンミドリシジミ

♂ ♀

食樹はブナ科のコナラ、ミズナラなど。

ハヤシミドリシジミ

♂ ♀

食樹はブナ科のカシワ。

フジミドリシジミ

♂ ♀

食樹はブナ科のブナ、イヌブナ。

ヒロオビミドリシジミ

♂ ♀

食樹はブナ科のナラガシワなど。

ウラジロミドリシジミ

♂ ♀

食樹はブナ科のカシワなど。

《ぽんぽこ先生からの出題》

ミドリシジミの仲間なんだけれど、ハネが赤いシジミチョウもいる。オレンジ色の地色に模様が入ったチャーミングなチョウたちなのだ。では、恒例の出題です！

シジミチョウの名前を当ててみよう！ それぞれチョウセンアカシジミ、ウラナミアカシジミ、アカシジミというチョウだよ。

ハネの裏側に波模様っていうことで…
ウラナミアカシジミはどのチョウか、すぐにわかるわね

きゃわわ…AKAシジミ、アイドル3人ユニット～
ライブのダンスがカッコイイ、ぎゃんかわですぅ。

Illustration by ユウズィ

裏バネに白波紋がアカシジミ、表バネの黒縁取りがチョウセンアカ、裏バネの黒波模様がウラナミアカ!

アカシジミ ♂

裏

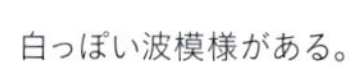

白っぽい波模様がある。

表

前バネの先が黒い

チョウセンアカシジミ ♂

表

前と後ろバネの縁が黒い。
尾状突起がない。

ウラナミアカシジミ ♂

裏

黒い波模様が入っている。

表

前バネの先がわずかに黒い。

アカシジミの仲間

カシワアカシジミ

裏

カシワアカシジミ（広島亜種）

裏

ウウゥーーーン、ワカバちゃんには、野外ライブステージにいるアイドルグループに見えるっていうワケね

音響と照明の中をジャンプする３人、ブゥオオオーーーーン、わき上がる歓声がほら、聞こえませんかぁ！

アカシジミ 制服系コスチュームの超絶元気アイドル

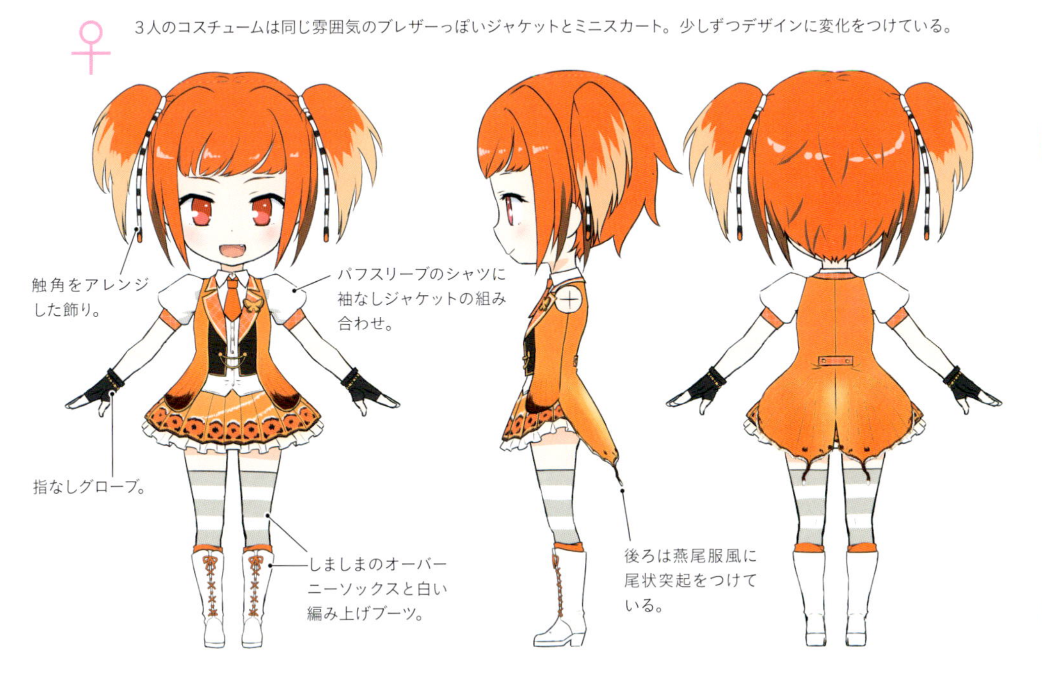

ハネの参考イラスト

＊♀は前バネの縁にやや丸みがあるが、外見で♀♂の判断は難しい。

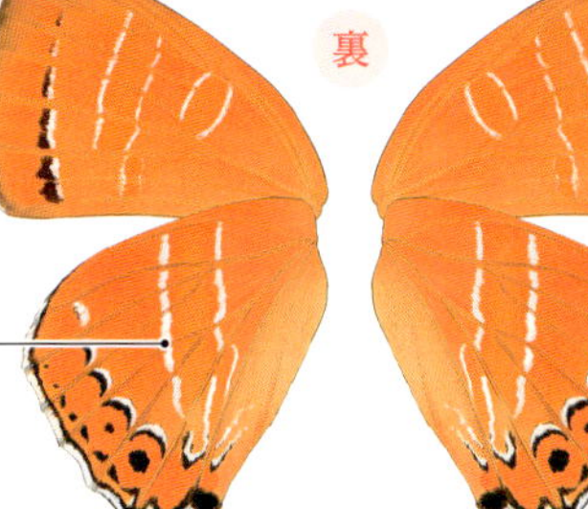

アカシジミ

★★★　食草 コナラやクヌギなど（ブナ科）

名前の通りの赤いシジミチョウ。この種も「ゼフィルス」の仲間でドングリの多い雑木林に見られる。ゼフは金緑色、オレンジ色など、とにかく美しい！ 日本にいるオレンジ色のゼフは、ムモンアカシジミ、アカシジミ、カシワアカシジミ、ウラナミアカシジミ、チョウセンアカシジミの５種が知られている。「遺伝的に高等な種」といわれている金緑色系のゼフよりもオレンジ色や黒色ゼフのほうが、地味だが奥が深いようで個人的には面白く思っている。金属光沢という模様は本来の斑紋の上に二次的に発達した斑紋だといわれ、その光沢は一様で個体差が少なく、「ペカ～！」っと光っているのだ。その点、金属光沢のないアカシジミなどは個体差や地域差などの変異が見やすくて観察の楽しみが広がるのだ。アカシジミの幼虫はコナラなどのブナ科のナラ属を食べる。近似種のカシワアカシジミはカシワだけを利用しているので判別ができる。

ここ数年のことだが、青森県の某所でナゾの大発生を繰り返していることが知られている。
コナラの葉が食べつくされている！とのことだ。
ブログ「青森の蝶たち」より
*Photo by*工藤誠也

ウラナミアカシジミ　ミステリアスな制服アイドル

ウラナミアカシジミ

レア度 ★★★　　食草 ウバメガシ、コナラなど（ブナ科）

ゼフィルスの１種。オレンジ系の美しいチョウで、名前の通りに赤色で裏面に波模様がある。北海道〜本州、四国に分布し、紀伊半島南部亜種とそのほかの亜種の２亜種に分けられる。紀伊半島南部の亜種は「キナンウラナミアカシジミ」と呼ばれ、やや小型で尾状突起が長めでハネが丸く、裏面の黒帯（黒縞模様）が発達している…とされている。幼虫が食べるエサは地域ごとに特徴があり、興味が尽きない。先に記した紀伊半島亜種はウバメガシという備長炭の原料になる常緑樹をエサにしており、幼虫の模様も異なるので普通のウラナミアカシジミと区別できる。しかし、紀南亜種以外の亜種でも、好みのエサによって個体群が異なるような気がしている。自由にこんなことを想像して楽しめる美ちょうちょだ!!

＊個体群…ここではある地域に生息している、ある一種の虫全部の個体の集まりのこと。

ハネの参考イラスト

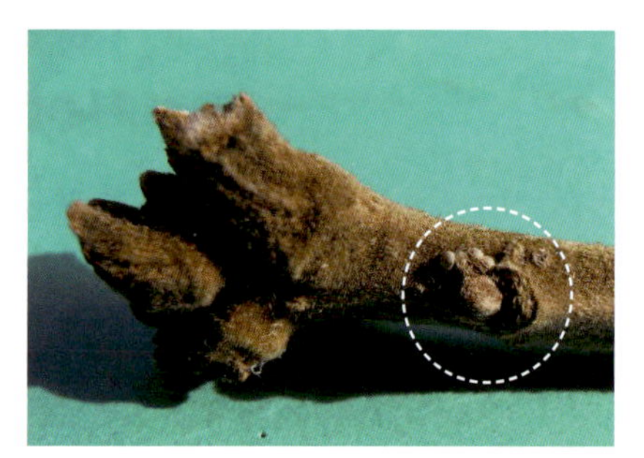
カシワアカシジミ５卵。ゴミが少なくて見つけやすい例。

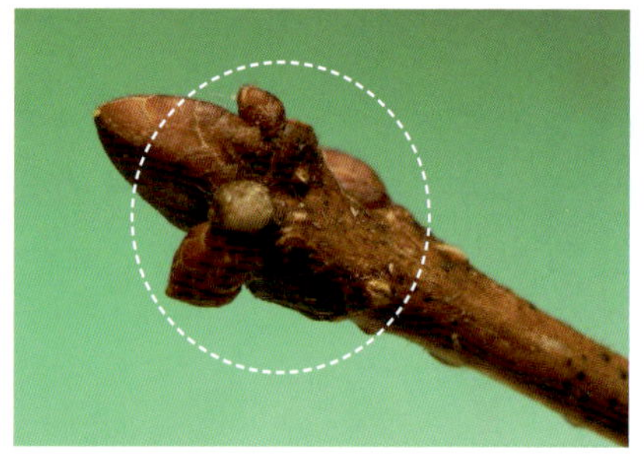
アカシジミの卵。珍しく芽の近くに産卵されたもの。

アカシジミ、カシワアカシジミ、ウラナミアカシジミの♀は、産卵すると卵を隠してしまう。その方法は卵を小枝に産みつけると尾の端をモゾモゾと動かして周辺のゴミやホコリをかき集め、卵の上に塗りつけるのだ！ その時に自分の腹の先の毛や鱗粉も使用する。そして、ボンドのような粘着物質をお尻から出して塗り固めてしまう!!

チョウセンアカシジミ 永久センターの正統派アイドル

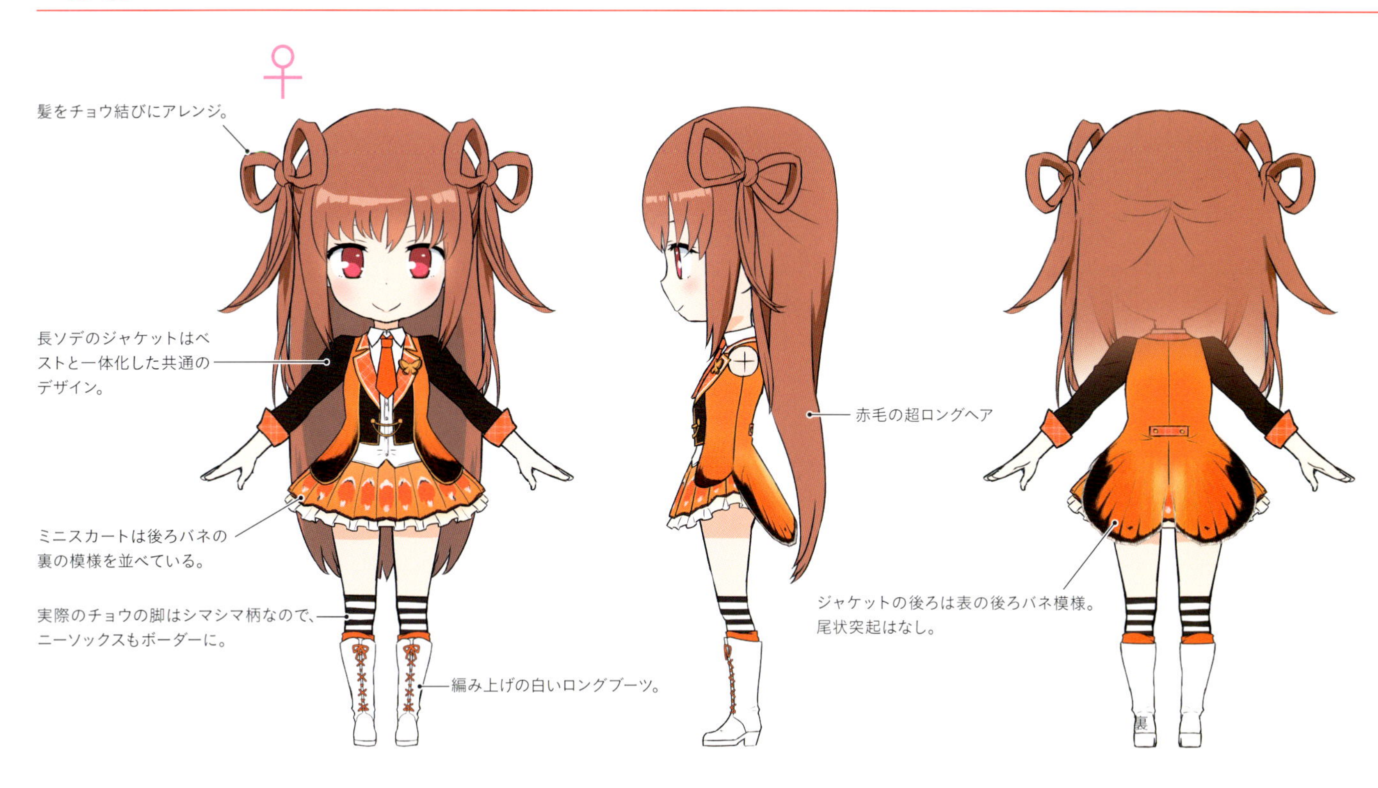

幼虫が食べてるトネリコは野球のバットにも使われる堅い丈夫な木なんだって…
昆虫の研究してる兄さんに教えてもらったんだ〜♡

チョウセンアカシジミさんはスポーツ好きでソフトボールも得意だそうですよ。
３人の美ちょうちょさんは高校に通いながらアイドル活動してる人気者なんですねぇ〜

とても珍しくなってしまったチョウセンアカシジミの生態は日本人が米を育ててきた文化と深く関係しているんだ。
次のページで解説するよ〜

ハネの参考イラスト

外見での♂♀の見分けは難しい。

チョウセンアカシジミの生態…稲作文化に関わる里のチョウ

チョウセンアカシジミ

レア度 ★★★★　　食草 トネリコ（モクセイ科）

このチョウもミドリシジミの仲間で「ゼフィルス」だ。青森県では絶滅。残された岩手県、山形県では生息地も非常に狭く、天然記念物に指定されている。新潟県は普通に見られるためか指定されていない。国外では日本海を挟んで対岸にオレンジ色の個体群が見られ、岩手県産に似ている。山形県・新潟県産は非常に変異の幅が広く、「黒い蝶で前バネに赤い斑紋がある」レベルから、「オレンジ色のチョウで黒い縁取りがある」黒いものから赤いものまでさまざまなタイプが見られる。生態や分布から考えると、稲作文化に関係した人里の生物なのがわかる。刈り取った稲を天日で干す際に、「木と木」に竿（さお）などを渡して稲穂を掛ける（はせ掛け、はぜ掛け、はさ掛けなど、地域ごとの呼び名は多い）。支柱になる「木」を稲木（いなぎ、いなき）という。この稲木が幼虫のエサであるトネリコであることが多いのだ。あぜ道や人家の周辺に管理して残されていたトネリコがこのチョウのおもな発生地で、自然が豊かな山の中などでは見られない。急速に数を減らしてしまった原因は、「機械での稲穂の乾燥」や「はせ掛けの鉄パイプの利用」などで、稲木のトネリコが不要になり伐採されたからだ！ 保護地ではトネリコは守られたがほかの木も成長し、このチョウが住めない暗い環境になってしまった。保護区以外の個人の敷地内のトネリコは知らない間に伐採された！ いなくなって当然なのだ。現在はチョウセンアカの生態が理解されてよい方向に向かってはいる。もっと積極的な増殖事業にも取り組んでほしいと思う。天然記念物などの指定をしていない新潟県では、もともと自然分布はしていたが、近年になって急速に生息地が広がり、数も増えたように見える。自然に広がったのか、稲木の移植などで広がったのか、人為的に拡散されたのかは不明だ。

交尾するチョウセンアカシジミの♂と♀。

トネリコの幹に数個ずつ産みつけていく。

産卵された卵。

ウラナミシジミ 懐かしい幼なじみの田舎ムスメ

♂

トップは作務衣風でハネ模様のソデ。

ポシェットにマメ模様。

もんぺを着用。

草履（ぞうり）をはいている。

輝きのある青色

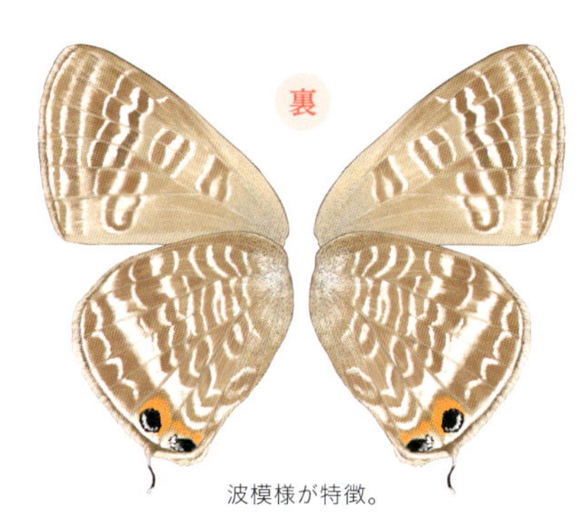

波模様が特徴。

乾燥マメを水に戻し、スライスしたエサを食べる幼虫。
戻した乾燥マメでも育てられるのが不思議。

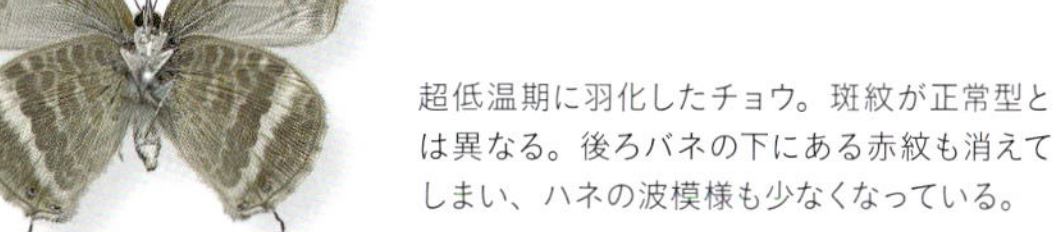

超低温期に羽化したチョウ。斑紋が正常型とは異なる。後ろバネの下にある赤紋も消えてしまい、ハネの波模様も少なくなっている。

ウラナミシジミ

レア度 ★　食草 クズ、ダイズなど（マメ科）

日本では北海道南部から以南で見られる。北海道や高寒冷地では毎年見られるとは限らず、南に偏った分布のチョウであるが…あえて☆1個。アフリカ、オーストラリア、ユーラシア大陸に広く分布しており、幼虫は各地でいろいろなマメ科植物を食べ、栽培種も好む。南方の暖かい地域では一年中繰り返し発生しているが、関東辺りでは寒すぎて越冬できないといわれている。ウラナミシジミは非常に移動性が高く南方で生まれ育った成虫は、新天地を求めて（？）なぜだか拡散する！ その結果、秋には北海道南部辺りまで成虫が到達するわけだ。関東周辺では秋にクズの花や栽培種のダイズ、エンドウマメなどのツボミ、花、実に潜り込んでいる幼虫を見かける。この幼虫を確保して室内で飼育すれば、冬に成虫が見られるだろう。エサは途中で足りなくなるので、スーパーの野菜売り場のインゲンをカットして与えればよい。50年も前のこと…東京下町育ちの私にとっては憧れのチョウだった。秋の原っぱ（小さな空き地）で待ち構えていても、日に1匹見かけるかどうかという程度。そして、シジミチョウとしてはやや大きく、飛び方は力強く速い。おまけにハネの表面に毛まで生えている！ そんな憧れのチョウの♂が元旦に台所を歩いていた。さらに1月3日に上野公園で飛べない♀に出会った。これらは八百屋さんで育ったチョウなんだろうか?? 当時の私はインゲンで飼育ができるなどということはまったく知らない、知られていない時代であった。現在では飼育方法も確立され、簡単に手に入るようになった。大人になったので、暖かい地方に出会いに行くこともできる。なのに…子供のころの価値観がいまだにそのままなのか？ ついつい毎年飼育してしまう。

いろいろな花にやってくるウラナミシジミ。
Photo by 高橋修吾

5 花より…

6 意識調査

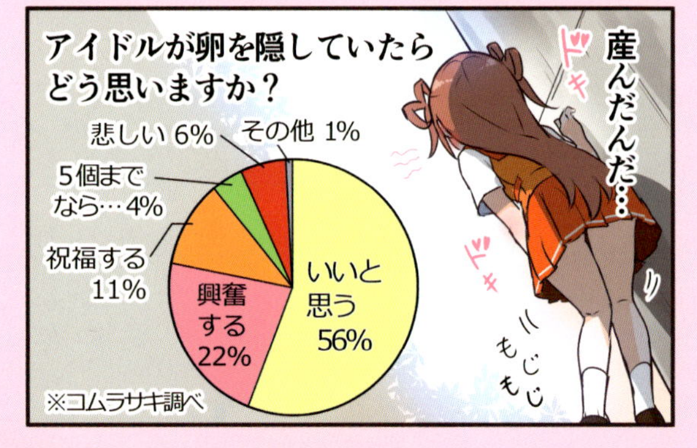

意識調査は美ちょうちょ世界の広報係、新人アイドルのタテハチョウ科コムラサキが手がけた。

美味しい樹液が出るコナラの枝で休むオオムラサキ。

Introduction

ぽんぽこ先生が語る『タテハチョウ科』とは?

姿かたちが個性的なチョウたち

タテハチョウ科は非常に大きなグループだ。姿も多様でつかみにくい。現在は同じタテハチョウ科に含まれているテングチョウ亜科、マダラチョウ亜科、ジャノメチョウ亜科だが、過去にはそれぞれ独立した「科」として扱われていたのだから仕方ない（そう古くない過去の話）。

1 タテハチョウ亜科
タテハチョウ族
コノハチョウ族
ヒョウモンモドキ族

2 ドクチョウ亜科
ドクチョウ族

3 イチモンジチョウ亜科
イチモンジチョウ族
カバタテハ族
イシガケチョウ族
スミナガシ族

4 フタオチョウ亜科
フタオチョウ族

5 コムラサキ亜科

6 ジャノメチョウ亜科
ジャノメチョウ族
コノマチョウ族
マネシヒカゲ族

7 マダラチョウ亜科

8 テングチョウ亜科

現在、これらの８亜科をまとめてタテハチョウ科としている！

1 タテハチョウ亜科

３族から構成される。タテハチョウ族はいかにも「タテハチョウですよ！」という種が多く、ハネの縁はギザギザと破れているような形状だ。「ハネを立てて止まる」ことからタテハチョウと名づけられたが、実際は開いて地面などで日光浴をする種が多い。成虫で越冬する種が多い。
コノハチョウ族で日本にいるのは、有名なコノハチョウ（p.139参照）だけだ。
ヒョウモンモドキ族は、日本に３種生息するがすべて絶滅寸前。大陸には普通に見られるが、この３種の生息環境が草原だということと関係していると思う。日本のムダな草原（そう思われるだけだが…）は、ゴルフ場や耕作地や住宅になってしまう。なんと自衛隊の演習場が草原性のチョウの最後の砦になっている。名前の「モドキ」は「似て非なるもの」のことで、「ヒョウモンチョウに似てるけれども違う」という意味。越冬は幼虫。

2 ドクチョウ亜科

ドクチョウ亜科はドクチョウ族だけ。日本のドクチョウ族はヒョウモンチョウなどヒョウ柄が特徴で、毒を持っているとは思えない。卵か幼虫で越冬する。

キタテハ（タテハチョウ族）
Photo by 高橋修吾

コヒョウモンモドキ（ヒョウモンモドキ族）

ツマグロヒョウモン（ドクチョウ族）
Photo by 高橋修吾

3 イチモンジチョウ亜科

４族からなる。イチモンジチョウ族は黒地に白線がある。この白い模様から「一文字」という名前になった。２本や３本の白線に見える斑紋のチョウもおり、フタスジチョウ、ミスジチョウなど見たままの名前がついている。飛び方に特徴があり、「パタパタ…ツゥー」と小さな羽ばたきとか滑るような滑空を繰り返す。幼虫で越冬する。
カバタテハ族はカバタテハ１種のみが南の島に住み、幼虫はヒマという麻を食べている。
イシガケチョウ族の「イシガケ」は石崖の意味で、石がむき出している崖に模様が似ているからだ。イシガキチョウと呼ばれることもある。英名はマップバタフライで、確かに地図に見える。越冬は成虫。
スミナガシ族のスミナガシ（p.142）の由来は、「墨流し」と言う万葉の遊びからきている。日本的な美しいチョウで女性に人気が高い…(大人女子にモテる?)。サナギで越冬。

イチモンジチョウ
Photo by 高橋修吾

フタスジチョウ（イチモンジチョウ族）

イシガケチョウ

4 フタオチョウ亜科

フタオチョウ

フタオチョウ族のフタオチョウだけが沖縄に生息する。名前の通り２本の尻尾（尾状突起）が特徴。非常に立派なチョウでオオイチモンジやオオムラサキに匹敵する「カッコイイ」チョウだ。

5 コムラサキ亜科

コムラサキ、オオムラサキなどを含み、幼虫には２本の角があるのが特徴。とにかく立派な美麗種が多い。幼虫で越冬。

オオムラサキ（p.133参照）
Photo by 高橋修吾

6 ジャノメチョウ亜科

感覚的にタテハチョウ科には見えない地味なものが多く、３族で構成される。ジャノメチョウ族は「蛇の目紋様」の丸い斑紋から名前がついた。飛び方は比較的ゆるやかな種が多い。
コノマチョウ族は『コノハチョウ』の間違いではなく、「木間」が名前の由来だ。薄暗い林内を縫うように迅速に飛び、止まると落ち葉そっくりで姿が消えてしまう。コノハチョウよりも忍者としての素質は上だと思う。暗くなると開けた空間を飛び回る性質がある。成虫で越冬。
マネシヒカゲ族はヒカゲチョウなどが含まれ、そのまま「日陰」に住むチョウの意味である。だからといってすべてが「日陰者」というワケではない。飛び方は意外に速く、落ち着きがない。ヒカゲチョウもクロコノマチョウと同様に、暗くなると活動する種が見られる。夜明けや黄昏時に森や林に行くことは難しくても、憂鬱なほど雲の低い曇天時には元気いっぱいに活動するので、小雨の日などは出会えるチャンスだ！

薄暗い林内を縫うように飛び、地上に止まる。暗くなってくると、広い場所に出てくる

ヒカゲチョウ（マネシヒカゲ族）　*Photo by* 高橋修吾

クロコノマチョウ
♂　♀

7 マダラチョウ亜科

このグループが同じタテハチョウ科ということには、感覚的に違和感がある。体には白い斑点が見られ、派手な感じを受ける。ハネの紋様も同様な斑点紋様である。さらに飛翔も非常にゆったりとしている。たとえばアサギマダラのようなこの派手さとゆっくりした飛翔は捕食者に襲われないからだろう。理由は…マダラチョウ亜科こそが本物の毒蝶だからだ。

アサギマダラ（p.114参照）
Photo by 高橋修吾

8 テングチョウ亜科

タテハチョウの仲間だということは、成虫の姿からすぐに想像できる。しかし幼虫はシロチョウ科に似ているし、サナギも独特な形態をしている。成虫の頭部には天狗（テング）の鼻にたとえられた毛の束（パルピというヒゲの意味）があり、その形態の細部はタテハチョウ科としては異質だ。越冬は成虫。

テングチョウ

《ぽんぽこ先生からの出題》

2匹のメスグロヒョウモンが止まっています。オスとメスを当てよう！

タテハの仲間にはヒョウ柄紋様のチョウが多いんだ。セレブのご婦人方もよくヒョウ柄のコートなんかを着てるけど、都会では派手で目立つよねぇ。でも自然界ではこのヒョウ柄が迷彩になっていて、草木に溶け込んで不思議に見えなくなるんだよ。そこで、質問です！

ぽんせんせー、今回の出題は激しくネタバレよねぇ

すーぐ、
オスメスわかりましたよ！
ちょっぴりおとなっぽい雰囲気の美ちょうちょさん。
引き締まったウエストのくびれがすてき…
セクシーすぎるダンサーちゃんですね

Illustration by OrGA

赤橙色のハネがオス、黒っぽい紺色がメス！

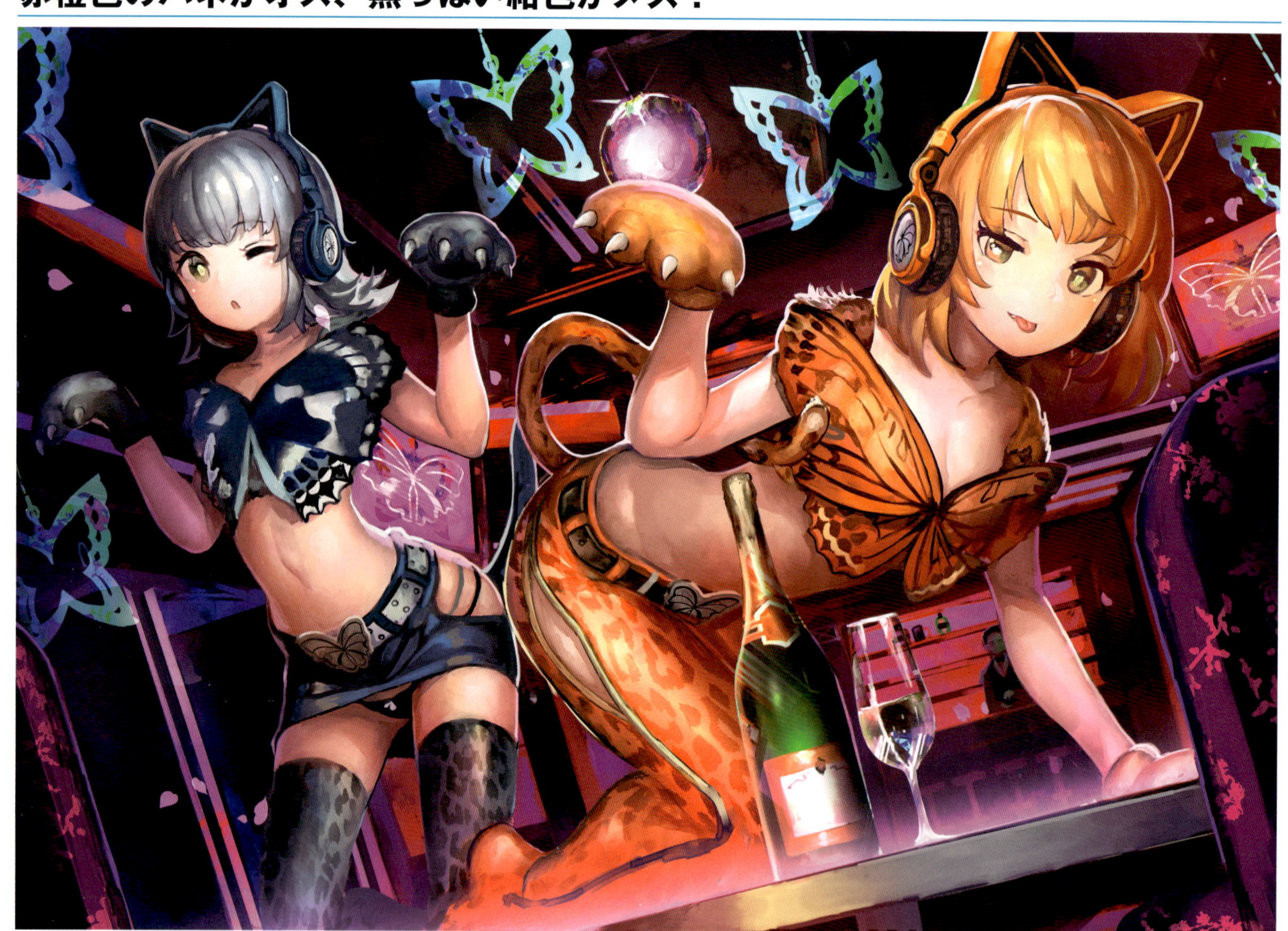

♀

♂

メスグロヒョウモン

レア度 ★★★　食草 各種スミレ類（スミレ科）

北海道〜九州まで分布し、各種のスミレを幼虫のエサとしている。広い分布域だがあちこちでよく見られるチョウではなく、珍しいとされていた。ところが、近年になってなぜだか数が増えてきたように感じている。ヒョウモンチョウといわれる一群のタテハチョウは、高原や草原を彩る代表的なチョウだが、種によって細かな好みがある。渓谷の近くが好きなクモガタヒョウモン、湿った草原が好みのオオウラギンスジヒョウモン、そしてメスグロヒョウモンはやや雑木林に近い草原を好むようである。ひょっとすると自然草原が減少したことや牧場や採草地などの管理放棄で森林化が始まっていることが増加の原因かもしれない。
羽化したての♀は、とにかく美しい深みのある黒い紺色をしている。オオイチモンジ（P.112参照）と間違える人もいるほどの迫力だ。

ヒョウモンチョウの仲間

クモガタヒョウモン

♂表

♀裏

オオウラギンスジヒョウモン

♂表

♀裏

メスグロヒョウモン♂ パンサー姿のワイルドなダンサー

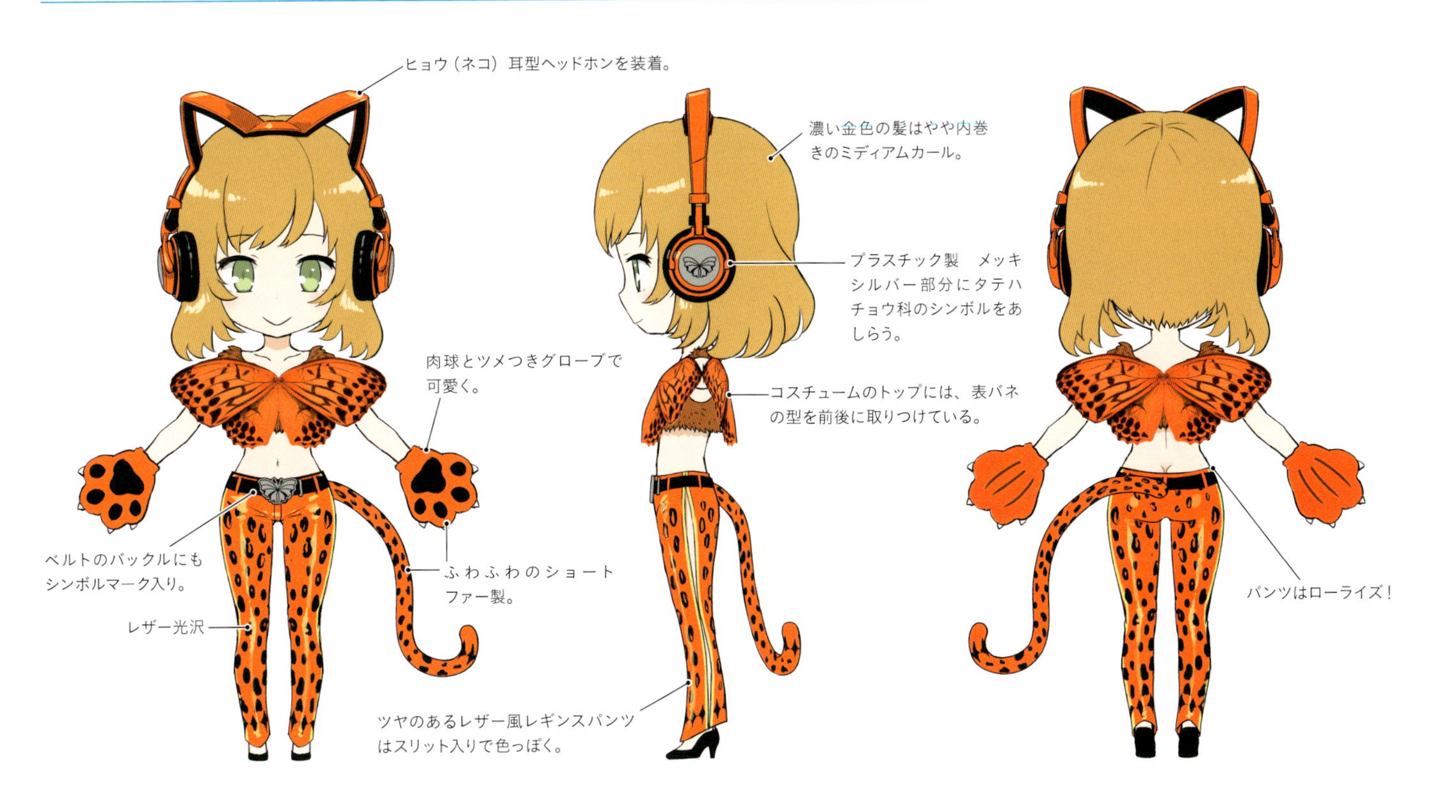

メスグロヒョウモン♀ チャーミングなネイビーの女豹(めひょう)

花に止まるメスグロヒョウモンの♀。

メスは別のチョウみたいに見えるわね～
たしかに、オオイチモンジにも似てるぅ～！

オオイチモンジって
どんな美ちょうちょさんですの？

ふふふふふ…それはね、
次のクイズコーナーで紹介するよーん

ハネの参考イラスト

地色は黒っぽい青色

交尾中の♂と♀。上が♀。

クガイソウの花にやってきたメスグロヒョウモンの♂と♀。

ヒョウモンチョウの仲間

ツマグロヒョウモン

レア度 ★　　食草 栽培種など各種スミレ類(スミレ科)

初めてこのチョウと出会ったのは35年前の熊本のキャンプ場だった。広いグランドの真ん中をヒラヒラと飛ぶ♀を発見した。初めて見たチョウの美しかったこと！うれしかったこと！ それなのに…その後10年で一気に普通種になってしまった。原因の一つはツマグロヒョウモンの生態的な特徴にある。
南方系のチョウは定まった越冬態を持たない種が多く、幼虫は雪の中でも平気で行動できる能力を備えていた。そのスーパーな能力を持ちながら増えることができなかった理由は、「エサ不足」だったと想像できる。それが解消される転換期が、1990年大阪「花の万博」を機会に訪れた。ガーデニングブームで、パステルカラーの「パンジー」が一気に全国に出荷されたのだ。このパンジーは非常に耐寒性が強く、真冬でも見事に開花し続ける品種だった。自然界のスミレの地上部が枯れる秋に間に合うように出荷されたのもラッキーだった。これで真冬のエサを手に入れたワケで、一気に分布を広げることができた。さらに！このころから「減農薬」「無農薬」というワードも売れる商品に欠かせない要素となった。出荷されるポット苗の段階で、卵や小さな幼虫が農薬で死ぬことがなく、各地にトラックで運ばれたようにも見える（実際トラックから降ろされたトレーに並ぶ苗に多数の幼虫がついていたのを観察している）。
この二つの原因で、一気に全国区のチョウになりつつある（現在は東北以南で見られる）。
このように温暖化とはあまり関係なく北上しているのだ。人気の花が変われば、昔のように南方だけのチョウに戻るかもしれない。

交尾をするツマグロヒョウモン。下が♀。　*Photo by* 中村なおみ（パルナ）

ツマ(褄)とは、ものの端とか縁の部分のことを指す。ハネ先が黒いのでツマグロ。

《ぽんぽこ先生からの出題》

タテハチョウの名前を当てよう！

それぞれ、オオイチモンジとアサギマダラというチョウだよ。オオイチモンジはメスグロヒョウモン（p.108）のところで話題に出たよね。

ミドリシジミの仲間の縄張り意識が強いのはさっき説明したけれど、タテハチョウも周辺を見張って、侵入者を追い払ったりしているんだ。タテハのほうが実は気性は激しいかもしれないねぇ。そこで、出題です！

どちらもハネの模様とか色が名前に由来しているのよねー

自分のテリトリーに入ってくる、ならず者は決して許さないー空域を守る軍人さんみたいなのがオオイチモンジでしょう？

Illustration by 松田硯

地色が水色なのがアサギマダラ、黒地に白紋がオオイチモンジ

アサギマダラ

オオイチモンジ

オオイチモンジは縄張りの周りを監視して、スクランブル発進を繰り返しているのだ。アサギマダラは海を渡り、旅をすることで、有名。日本から南西諸島や台湾まで2,000キロ以上のすごい長距離を飛ぶゾ

アサギマダラに似たチョウやガ

タテハやアゲハの仲間だけでなく、驚くことにガにまでそっくりさんがいる！「チョウとガ」は同じグループの昆虫だということが証明されたといってもよいだろう。擬態(ぎたい)って単なる偶然の積み重ねで自然にできるのだろうか？ 非常に不思議だ！

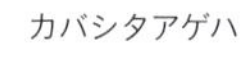

カバシタアゲハ

台湾、中国に生息するアゲハ

カバシタマダラガ

ラオスに生息するガ

ナラアサギゴマダラ

ベトナムに生息するタテハ

この２種のチョウが出会ったら、すごい戦いになるかもしれないわ

わ〜っ、
もうすでに２人で刃物を振り回して、丁々(ちょうちょう)発止(はっし)とやり合ってますぅ

アサギマダラ 北へ南へ天駆(あまが)ける空賊船長

オオイチモンジ 任務に一途な空軍将校

アサギマダラとオオイチモンジの生態…長距離を移動するものと食樹から離れないもの

アサギマダラ

レア度 ★★★　食草 イケマなど（ガガイモ科）

美しいタテハチョウ科でマダラチョウの仲間。マダラチョウの仲間の幼虫は毒のある植物を食べ、体内に毒成分を蓄積して毒チョウとなるようだが、鳥などには有効な毒だといわれている。
アサギマダラの飛び方も特徴的で、「フワァ～リ…フワァ～リ」と優雅で、舞うという言葉がピッタリだ。「食われない」という安心感からか、毒を持つチョウはゆっくりと「ここ！ここにいるよ～！」と飛ぶものが多いのだ。
アサギマダラは渡りをするチョウとして有名で、南の島から北へと移動する個体がいることや逆に日本から台湾まで南下していく個体がいることも徐々に判明してきた。成虫はピロリジジンアルカロイド（略称ＰＡ）という化学物質を含むフジバカマなどの花に集まる。このＰＡを多く含む植物を植えて集まったチョウを採集して、マジックで印をつけて再捕獲されることを祈って放すのだ。風船に手紙をつけて空に放つのと似ている夢の多い調査で、アサギマダラの渡りのコースが徐々に解明されてきたのだ。

幼虫のエサの一種であるイケマの花で吸蜜するアサギマダラ。

シオンの花に止まるアサギマダラ　*Photo by* 高橋修吾

オオイチモンジ

レア度 北海道★★★ 本州産北アルプス南部産 ★★★★ その他の本州産 ★★★★★
食草 ドロノキ、ヤマナラシなど（ヤナギ科）

北海道ではそれなりに見られるチョウ。本州では北アルプス、御嶽山、奥秩父、八ヶ岳、南アルプス、大菩薩山塊、奥只見、尾瀬、日光などに薄く広く分布するが、北アルプス南部以外では非常に稀。♀はさらに珍しく、☆1個プラスしてもよい。
ヤナギ科のドロノキやヤマナラシの葉などが幼虫のエサになるが、名前のわからない謎のヤナギに産卵する様子や幼虫を観察したこともある。♂は♀を求めてドロノキの周辺をユックリ滑空し、サナギから出てきたばかりのまだ飛べない♀と交尾してしまう。♂は♀と交尾することとエサを吸うことしか考えていないように見える。湿った崖や路面で吸水していたり、キツネなどのフンやつぶれたカエルなどに群がるチョウをよく見かける。♀は♂と比較すると非常に出会うチャンスが少ない。理由はヤナギなどの樹液を吸うので、エサを求めて地面に降りてくることがほとんどないのと、産卵のためにドロノキから降りてこないからだ。交尾をすませた♀は「甘い樹液を吸っては産卵する」、この繰り返しなのだ。♀にとっては再度の交尾を迫って来る♂は産卵の邪魔なだけだ。♂に見つからないように行動するので、人間にもなかなか発見できないワケだ。出会いたい人は、とにかく♂よりも大きく立派で美しい♀を探す！　つまりドロノキの下で一日中、空を見上げて産卵に現れるのを待ち続けるのだ。

葉の先に止まったオオイチモンジの♀。

アサギマダラの♀。

初めてアサギマダラに出会ったのは1968年。
東京湾の埋め立て地だった。
高原のチョウだと思っていた子どもにとって、あまりにも衝撃的だった…
アサギマダラは各地で見られるチョウなのだ。

埋め立て地って夢の島のことかなぁ？ 1968年、ワタシらは生まれてないもんね。アサギマダラって、都会にもいるっていうことなのかな…。
オオイチモンジは青く輝いていて、ほ～んとキレイね。

大きく美しく、そして珍しいオオイチモンジの♀は、日本のチョウの中でもトップクラスの人気者だ！

コスモスの花にやってきたアサギマダラの♂。 *Photo by* 谷村康弘

タテハの仲間って勇ましいチョウが多いんでしょうか？
あれれ…あっちには、きゃわわな美ちょうちょさんらがアチュラチュですよ！

可愛いチョウたちがアツアツ♡…という意味なんだよ、ぽんせんせーにわかるよーに、なるべく翻訳してあげなきゃね～

オオイチモンジの♀。裏バネに入っている赤橙色の帯もとても美麗！

よ～し、リクエストに応えて名前当てクイズをもう一題、次のページで出しちゃうゾ！

ハネを広げて止まっている♀。

《ぽんぽこ先生からの出題》

止まっている2匹のチョウの名前を当ててね。それぞれルリタテハ、キベリタテハという名前だ。

タテハチョウの仲間は樹液に集まるものも多いので、いくつかの種は雑木林などで出会うことができる。この2種のチョウも樹液を出す木や熟して落ちている果物などにやってくるよ。そこで、質問です。

ぽんせんせー、なんだかバレバレの出題がつづくよーな気がするわねぇ。
あらら…ワカバちゃん、なんでそんなに恥ずかしがってるの??

だってぇ…
女の子同士がハグしてるんですぅ。
そ、それもどちらもナイトウェア姿じゃあないですかぁ♡
大きいおリボンがルリ色なのが、ルリタテハさんに決まってるとおもうんですけど…

Illustration by ひそな

縁(ヘリ)が黄色なのがキベリタテハ、瑠璃(ルリ)色のラインがルリタテハ

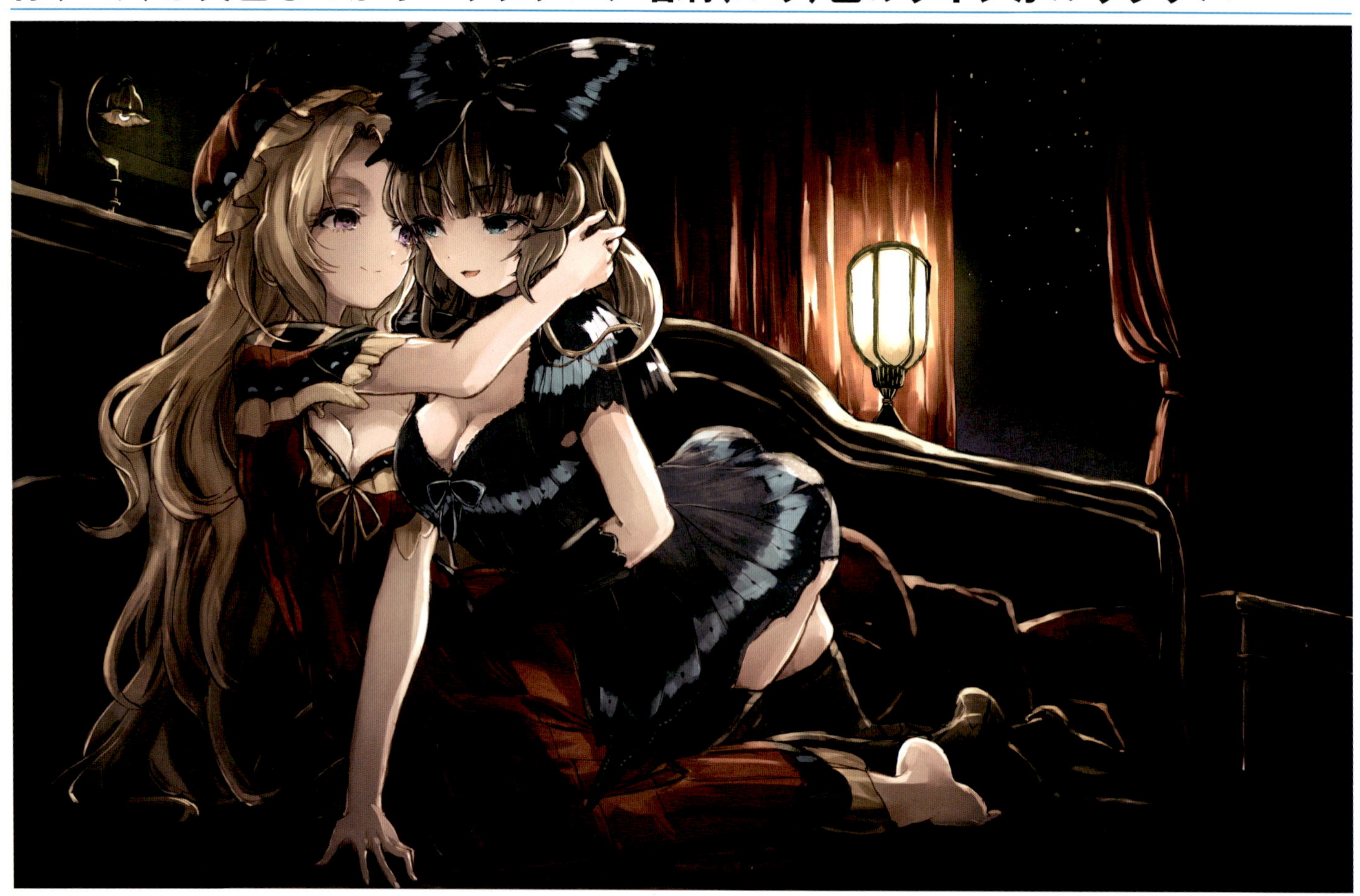

キベリタテハ
♂

赤茶色っぽいハネに黄色の縁と青い斑点。

ルリタテハ
♂

暗い藍色のハネに青いラインが目立つ。

わー、2人のナイショ話が聞こえてきますよぉ～

キベリさんが「ねぇルリ、わたくしたちのデートっていつもヤナギの木のベッドの上ばかりね、たまにはどこかにお出かけしましょうか」って話しかけると、ルリさんが「そうねベリィ、たまにはシラカバの木に出かけるのもいいわよねぇ」と答えてます！

「あ～らルリったら、やっぱりそこもベッドじゃないの…」と、キベリさんがツッコミを入れてますねぇ…

飛翔するキベリタテハたち。
ブログ「青森の蝶たち」より
*Photo by*工藤誠也

ルリタテハとキベリタテハ まるで姉妹のような超美形2人組

キベリタテハとルリタテハの生態…トゲトゲ毛虫が上品な色合いのチョウに大変身！

キベリタテハ

レア度 ★★★　　食草 ダケカンバなど（カバノキ科）やオオバヤナギなど（ヤナギ科）

北海道から岐阜県まで分布するが、東北以南では標高の高い場所でしか見られない寒冷地系のチョウ。キベリタテハの特徴はその濃いアズキ色の地色だ。ベルベットのような質感で、つい触りたくなってしまう。ハネの縁に黄色の帯が見られ、これがキベリタテハの名前の由来である。この黄色の帯の内側にあるコバルト色の斑紋もたまらなく美しい。
ヨーロッパから広く分布しているが、国産も含めてすべてのキベリタテハは非常に残念なことに、個体差やバリエーションといった面白みがまるでなく、どれもこれも「そっくり」な金太郎アメ状態なのだ。ただし、このチョウの素晴らしさはいくらでもある。色彩や形も魅力的だが、夏の終わりの好天の日に、高い山をバックに滑空する姿は雄大で最高なのだ！ 素晴らしいロケーションで出会うから素晴らしさがわかるワケだ。幼虫のエサはダケカンバ、ヤナギ類と意外に広く、なかなかの毛虫で「ヤバイ感じ」ムンムンなのだ。しかし毒も針もなく刺さない…それでも刺されそうな感じがする…でも、毒はない。わかってはいても触るのには勇気がいる毛虫だ。

岩に止まっているキベリタテハ。ブログ「青森の蝶たち」より *Photo by* 工藤忠

八甲田山のキベリタテハ。ブログ「青森の蝶たち」より *Photo by* 工藤誠也

ルリタテハ

レア度 ★★★　　食草 ホトトギスなど（ユリ科）

黒地に瑠璃（ルリ）色のラインが入り、非常にシャープな印象のチョウだ。その姿から海外では水兵のセーラー服にたとえられる（JKのセーラー服ではないよ）。
北海道南部以南に分布する普通種…この「普通」という言葉が実はヤッカイで、裏を返せば特徴が少ないという意味でもある。「分布が限られる」と説明されるチョウは場所と出会えそうな日を教わり、そこに行けば見られることが多い。ルリタテハはどこにでも現れ、成虫も長生きで出会える期間も長くてダラダラとしている。このように非常につかみどころがないチョウだ。寒い地域では年に１回、夏に成虫になる。暖かい地方では年に２～３回も成虫になるようだ。越冬は共に成虫のままなので、春先に越冬したチョウが日向ぼっこをする様子や産卵のためにユリ科の植物に絡む様子が見られる。夏には新たに成虫になったものと、雑木林の周辺で出会うチャンスは多い。カブトムシなどが集まる樹液で一緒に「チュウチュウ」吸っていたり、誰かが食べ捨てたスイカにも止まっているかもしれない。時にはたっぷりと汗が染みこんだＴシャツに止まって汗を吸うこともある。この幼虫もトゲトゲしており、触りたくない。それでもつまんでみると…何だかときどきチクチクする。腕の内側などの皮膚が少し弱い場所など、少し腫れることもあるのがナゾだ。

木のベンチに止まっているルリタテハ。 *Photo by* 髙橋修吾

あら、キベリタテハさんとルリタテハさん、
まくら投げして遊んでると思ったら…
くたびれちゃったルリさん、キベリさんのひざまくらですやすやねむっちゃいましたよぉ

チョウの世界でもまくら投げってするの？？
ハネとか触角に当たったら、傷んじゃうから
とっても危ないんじゃないかなぁ～

ぽんせんせーにも
写メでおくろう

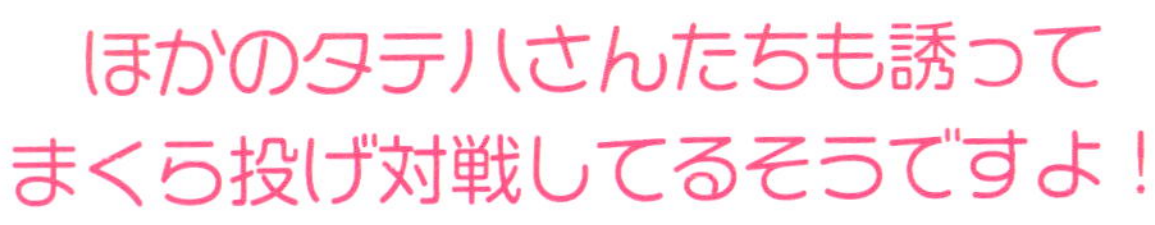

美ちょうちょさんは、ハネもひっこめられますし、大丈夫なんですよ、ほら！

へぇ～、こういう風に見えてるんだ。
絵にして見せてくれるとよくわかる～

まだまだ描きますよぉ！

《ぽんぽこ先生からの出題》

アオタテハモドキが止まっています。オスとメスを当ててみてね～。

チョウの名前に「モドキ」という言葉がついたものがある。これは○○に似ているが、違うものだよ！という意味だ。このチョウはアオタテハモドキという紛らわしい名前がついているが、れっきとしたタテハチョウ科なのだ。さて、そこで出題です。

青っぽいチョウと、赤っぽいチョウがいるけど、どちらがオスかなぁ?
どちらのハネも目玉模様がキレイね

こっ、これは事件でしょーか、すごい数の写真がばらまかれてます!
アオタテハモドキちゃんは、ほかの美ちょうちょさんたちを尾行してはスキャンダル写真を撮りまくってるみたいですねぇ

Illustration by 七六

目玉模様が大きいほうがメス、小さいほうがオス

♀

茶色っぽい地色に大きめの目玉模様（地色はさまざま）。

♂

青っぽい地色に小さめの目玉模様。

交尾する♂と♀。個体変異は見られるが裏バネは茶色っぽい！

ベトナム産のアオタテハモドキの♀。色や模様にはいろいろ変化があって、青みが強いものもいる。ブログ「青森の蝶たち」より
*Photo by*工藤誠也

アオタテハモドキ

レア度 ★★★　食草 キツネノマゴなど（キツネノマゴ科）やオオバコなど（オオバコ科）

熱帯に広く分布し、日本では八重山諸島、沖縄本島、奄美諸島などに定着しているチョウ。とにかく南の島に出かけて海岸付近の荒地や牧場の周辺などの、なんの変哲もない場所に行けば見られる普通のチョウなのだ。それは幼虫の食べるエサにも関係がある。キツネノマゴをはじめいろいろな植物を食べること、おまけにそれらの食草はどこの原っぱにでも生えているような種が多くてエサに困らないのだ。このような開けた環境にすむチョウは、迷チョウになることが多い（迷チョウ＝本来の生息地から遠く離れた場所に飛んできてしまうチョウ、迷子になったチョウ？という意味）。私が初めて出会ったのも熊本県のキャンプ場だった。青く光るハネに赤い目玉模様…頭の中は大パニック！「なんなんだ…？」なかなか名前が出てこない。いろいろな名前が浮かんでは消え、浮かんでは消え…そして、「ギャ～～！迷チョウのアオタテハモドキだ！！」。その後に出会ったのは天竜川の原っぱ、これまた迷チョウ！ この時は二度めなので、落ち着いて観察することができた。とにもかくにも「美しい！」。ただし、このチョウは個体変異が大きく「これが普通の模様です」といえる定型がない。気温や湿度などによって斑紋に大きな変異をもたらすことが知られている。

アオタテハモドキ　ヤンデレストーカーのメガネっ娘たち

♂

目玉模様の髪飾りを両サイドにつけ、極細リボンを蝶結び。

黒髪ロングに前髪ぱっつん。ゆるいウェーブでちょっぴりおどろおどろしく。

小さめの四角っぽいフレームのメガネを下げ気味にかける。

パフスリーブに２重のフリルがついたブラウスにはハネの縁取りをデザイン。

♀に比べて眼状紋（目玉模様）が小さい→メガネ、カメラは小さい。コンパクトカメラ、またはトイカメラを持っている。

ハネ模様のジャンパースカート。

フリルのアンダースカートをチラ見せ。

常に裸足。

たとえば、こんなの

ハネの参考イラスト

表

♂は眼状紋が小さめ。

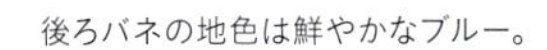

後ろバネの地色は鮮やかなブルー。

♀

目玉模様の髪飾りは♂より大きめ、極細リボンを蝶結び。

オレンジ色系のロングでストレートヘア。

ブラウスは♂と同じでジャンパースカートが色違い。

♂に比べて、眼状紋（目玉模様）が大きい→メガネ、カメラは大きい。一眼レフのようなゴツいカメラを持っている。カメラにはロゴマーク風にタテハチョウ科のシンボルマーク入り。

ストッキングをはいている。

たとえば、こんなの

ハネの参考イラスト

表

♀は眼状紋が大きめで、個体変異が大きい。

後ろバネの地色は茶色からブルーまでさまざま。

アオタテハモドキ

赤茶系 ♀　　青色系 ♀

メスの前バネは目玉模様が２個つながっていて「メガネ」みたいね

メガネっ娘２人が暴れまくってるんですが、止めなくてもいーんでしょーか？？
大量の写真が舞い散ってますよー。
あ、あのみんなの憧れ、有名なジャコウアゲハさんのも入ってる…
ガクガクブルブル……((((;゜Д゜)))

高原のとある町で情熱的に舞い踊るサンバカーニバルのダンサー。

Illustration by 蟹丹

クジャクチョウ 鮮やかなハネ飾りをまとった踊り子

赤みのある地色と目玉模様が特徴。♂♀を外見で見分けるのは難しい。

クジャクチョウ
♂ 表

クジャクチョウ

レア度 ★★★

食草 カラムシなど（イラクサ科）やホップなど（クワ科）

北海道以南、本州の中部の涼しい場所に見られる。クジャクチョウ…よくもピッタリな名前をつけたものだ。前バネ先端部に見られる目玉模様周辺が、クジャクの飾り羽にそっくり！ また、世界共通の種名は「Inachis io」だ。このイオという名は、ギリシア神話でゼウスの妻に仕えた美女の名前。そして日本産に与えられた亜種（亜種…生物の分類で用いる区分の種の下の区分）には、美しいことから「芸者」という名前が与えられている（Inachis io geishaとなる）。

名前からしてなんとも「美ちょうちょ感ムンムン」なのだ。幼虫もカラムシ（繊維を取る植物で、昔は布にした）やビールの原料になるホップなどを食べる。エサからしても夢が多いと思うのは私だけだろうか??

このチョウに出会うにはどうしたらよいのか？ 春まだ浅いころの道脇や空き地などで日向ぼっこをしている姿をよく見かける。「ただし」残念なことに長い冬を越してきたために、ハネはボロボロのお年寄り芸者になっている。その後は梅雨明け直前から新成虫が羽化し、美しい姿を花で見ることができる。これまた「ただし」がついてしまう。暑さが嫌いなので気温が上がるころから姿を消してしまうのだ。図鑑では年に２回成虫になると書かれているが、八ヶ岳付近では年に１回の発生のようだ。年による発生数の差はあるが、８月末～９月の晴天の日に高原のアザミやハンゴンソウの花で吸蜜する姿をよく見かけるので、秋がチャンスだと思う。

キリンソウの花にやってきたクジャクチョウ。

日本初のジェット戦闘機「橘花（きっか）」パーツを愛用する飛行娘。

Illustration by うりも

ヒメアカタテハ いつもスピード出し過ぎのパイロット娘

百日草にやってきたヒメアカタテハ。
Photo by 松下大介

エベレストで採集されたヒメアカタテハ。

ヒメアカタテハに似たチョウ

ヒメアカタテハ

アカタテハ ♂

ヒメアカタテハは地色が朱赤っぽいが、アカタテハは赤いところが部分的。

ヨモギに作られた幼虫の巣。

西洋マツムシソウで蜜を吸っている様子。

ヒメアカタテハ

レア度 ★★★　食草 ヨモギ、ハハコグサ、ゴボウなど（キク科）

もしかすると旅するチョウかも…飛ぶことが好きなのかな？ とにかく飛翔力が強くそのスピードもなかなか速い！ そしてハネのデザインも凝っていてカッコイイ。そんなヒメアカタテハの一番の特徴は、南極を除いた全世界分布というスーパーな点だ！ それだけスゴいド普通種はめったにいない。
「それだったら…普通に見られるの？」そう聞かれれば次のように説明するしかない。
「ルリタテハでも説明したけど、普遍的に生息しているチョウは一ヶ所で固まって見られない、生きていける場所がどこでもよいワケで、ヒメアカタテハの好きな場所が特定できないんだよ！」我が家にある標本も、エベレストのベースキャンプ付近や浅草、鹿児島、フィリピンと無茶苦茶なのだ。エサもいろいろなキク科を食べる。草もちの原料のヨモギやハハコグサなどが知られているが、まだまだほかの植物も食べていそうだ。幼虫の生態も面白く、エサの葉に糸を掛けて巣を作り、その中で隠れながら食事をするのだ。こうして捕食者から逃れているのだろう（人間には通用しない。この巣の形を覚えてしまうとたやすく発見できる）。夏の終わりごろから数が増え、土手などに咲くいろいろな花に集まる。近年までは南から北へ北へと世代を繰り返しながら分布を広げ、そして冬の寒さで絶えてしまい、翌年になって暖かくなると再度北上すると考えられていた。ところが、それだけでなく、一世代だけでアサギマダラのように大きく移動しているというのだ。寒さに弱いとされていたが、幼虫は真冬でもハハコグサをチビチビと食べて育ち、翌春に成虫になることも判明した。もし、寒さで死んでしまうのならば、エベレストの標高6,400mの場所で採集されるはずがないと思う。

《ぽんぽこ先生からの出題》

日本の国蝶って知っているかな？ 1957年に指定されたが、アゲハチョウやギフチョウも候補者に入っていたみたいだよ。全国に分布している大きく立派で害虫でないチョウ、ということが選定理由だったようだ（沖縄は返還前なのでこのときは含まれていない）。では、質問です。

紫色をしたチョウが2匹います。それぞれオオムラサキ、コムラサキという名前だよ！ すぐにどちらかわかるよね！

大紫! 小紫!って、ぽんせんせー、ま～たネタバレの出題! どちらも紫色に輝いてとーってもキレイね～。わっ、オオムラサキはスゴ～く迫力ある飛び方、ツバメが飛んでいるのかと思ったわ!

大女優、貫禄のあるオオムラサキさんと新人アイドルのコムラサキさんがステージで競演中です!こんなスペシャルなコラボはめったにないんですよぉ なんとも眼福デス～

Illustration by ひなたもも

小柄なコムラサキ！ 大きいほうがオオムラサキ！

＊頭身の高いキャラのイラストはステージでの競演中で、2匹ともかなりのハイテンション。背中に実物の豪華なハネを出している状態…。

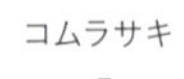

コムラサキ

♂

オオムラサキ

♂

♀

昔は別種扱いされていたクロコムラサキ

クロコムラサキ

♂

紫色が非常に目立ち、ハネの中央部分に白い帯が発達するものを「クロコムラサキ」と呼び、別種とされていた。現在はコムラサキの遺伝型であることがわかったが、名前だけが残っている。見られる地域は限定的で、能登(のとはんとう)半島、九州の一部、天竜川と大井川の下流域のみ。ほかでは非常に稀。通常のものと比較すると、黄色系の色素がないように感じる。頭の中で黄色を取り除けば…センスのいい人はクロコムラサキに見えてくるはず！

ハネを広げているオオムラサキの♀。 *Photo by* 高橋修吾

オオムラサキ

レア度 ★★★　　食草 エノキなど(ニレ科)

黒地に黄色と白色のマダラ模様があり、後ろバネの角に赤紋がある。そして、♂は紫色の幻光を放つ美しいチョウだ。♀には紫色の幻光はないものの、♂より大きく非常に立派。最大サイズの♀だと、「大きいチョウ」などという生やさしいものではなく、ボディの太さは大人の人差し指ほどある。「日本の国蝶」としての知名度は高く、保全団体の観察会なども多く実施されている。それでも雑木林の中を飛ぶオオムラサキを実際に見たことのある人は少ないはずだ。
山梨の甲府周辺は数が多いことで有名で、6月末～7月中旬にカブトムシと一緒に多数が樹液で吸汁している様子を見ることができる。そこではいろいろな昆虫が樹液をめぐってのバトルを繰り広げている。さすがのオオムラサキもケンカではカブトやクワガタにかなわないので、ストロー状の口を伸ばし、スキをついてはチュウチュウ吸っている。オオスズメバチ程度の相手だと、ハネでビンタを食らわして追い出してしまう。また、♂は枝先で縄張りを張って♀を待ち受ける。そこにほかの♂が現れるとスクランブル発進して追いかけていく。スズメ程度の鳥までも追いかけるのは珍しいことではない。適当な枝先に♂を見つけたら、落ちた枝などを♂に投げてみると、♂はライバルと勘違いをしてスクランブルをかけてくる。そして地面近くまで追いかけてきて、「あはは…間違えた！」と元の枝に戻っていくのだ。

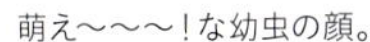
萌え～～～！な幼虫の顔。

オオムラサキの交尾。
Photo by 中村なおみ（パルナ）

樹液の順番待ちをしている♀。

ヤナギに止まった羽化したてのコムラサキ。ノーマルなものはハネの裏が茶色っぽい。

交尾中のクロコムラサキ♂と♀。

コムラサキ

レア度 ★★★　　食草 ヤナギ類（ヤナギ科）

オオムラサキよりも小さい紫色のチョウ。小さいといっても普通のタテハチョウサイズなので中型のチョウ。日本では北海道から九州まで広く分布。幼虫は各種のヤナギを食べるのでエサに困ることはない。ヤナギ類は水辺に多く自生しているので、平地でも河原などのヤナギと雑木が自生しているような環境で見られる。山地の渓谷にもたくさんのヤナギ類が自生しているので数が多い。林道上に落されたキツネなどのフンや水たまりで、出会えることが多い。北海道や高寒冷地では、年に1回発生する夏を代表するチョウ。暖かい地方では初夏・最夏・秋と3回発生している。♂の紫色の幻光は角度が悪いとまったく光らない。ハネを斜めから見れば幻光を確認できるが、両バネがいっぺんに光って見えることは少ない。コムラサキは一般的な型と特定の地域で見られるクロコムラサキと呼ばれる2型の遺伝型が見られる。クロコムラサキは分布も狭く、白と紫のコントラストが強くて派手に見えるためか人気者だ。ノーマルも捨てたものではなく、個体変異という点ではノーマルの方が面白い。ノーマルの紫色には淡くピンク色がかっている点がたまらない！ 光ってはいないが…個人的には裏面のほうが好き！

橋のコンクリートで何かを吸っているノーマルのコムラサキ♂。

オオムラサキ 絶対的な人気を誇るカリスマ大スター

コムラサキ 大ブレイク中の歌って踊れる新人アイドル

ハネの参考イラスト

＊コムラサキは、自分自身を「こむ」と呼んでいる。ファンをとても大切にしている美ちょうちょ世界の広報係。

Q. オオムラサキはどこにいるかな？

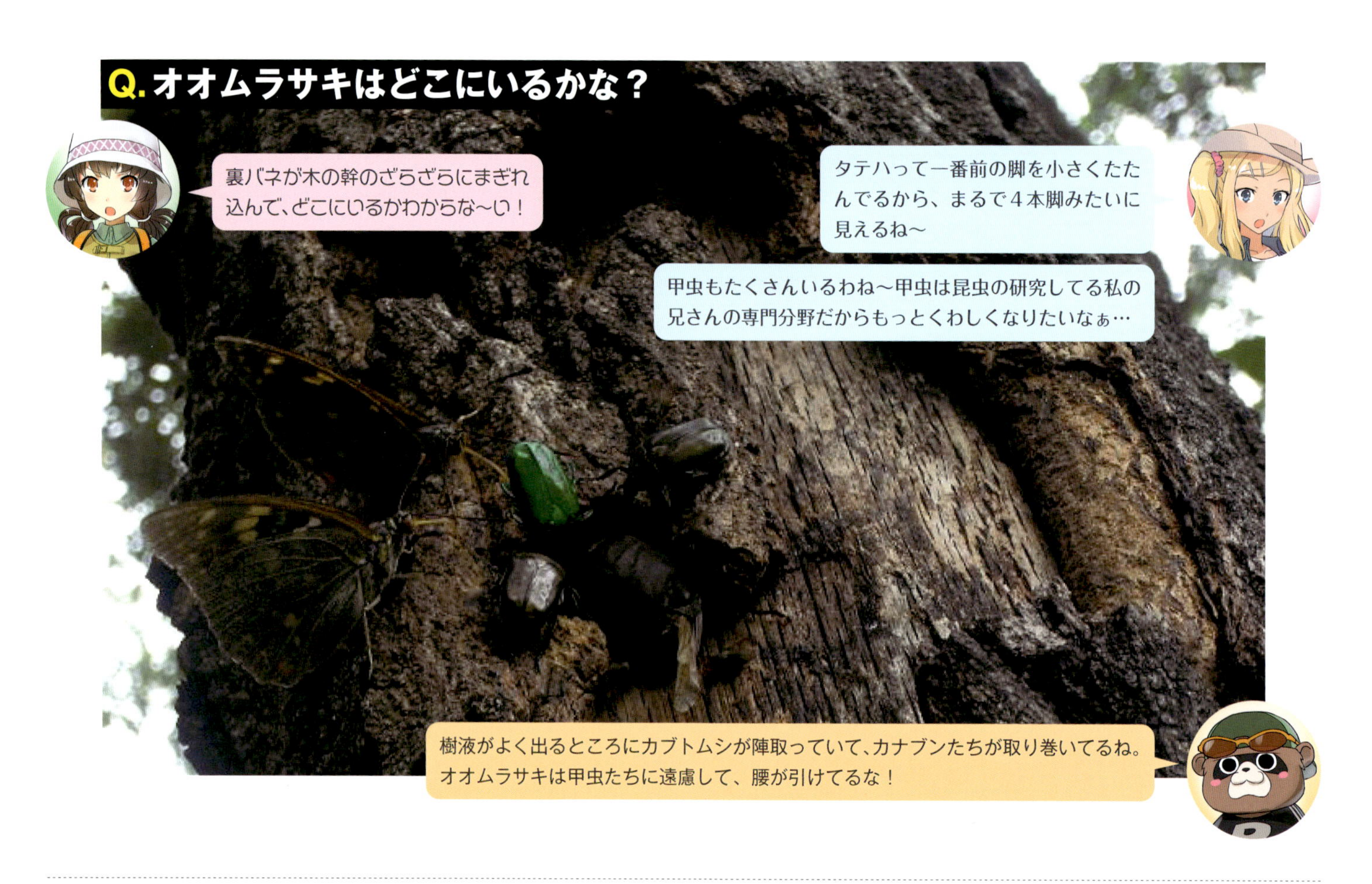

茨城県下妻市のイメージキャラクターは、オオムラサキの「シモンちゃん」

ガイド役のシモンちゃん。
さまざまなポーズで市の情報を発信中！

お祭りの衣装を着て、ジャーンプ！

ミニキャラのバージョンもとてもキュート。

「オオムラサキ生息地の保護活動を続けていることから、公式イメージキャラクター「シモンちゃん」が活躍中！ 下妻市の市報や広報活動などで大人気です。大きなオオムラサキをかたどった市の施設「ネイチャーセンター」の建物の近くには、オオムラサキの森というクヌギ、エノキなどの自然林を残した環境が大切に守られています。小貝川ふれあい公園内にあり、成虫の観察会なども例年催されているとのことですよ〜。オオムラサキの愛好者もシモンちゃんのファンも、ぜひ訪問したいスポットですネ。」

美ちょうちょ世界のレポーター、コムラサキのこむが取材しました。
シモンちゃん人気者だから、こむもがんばるよーっ

オオミスジ ちょこっとぽっちゃりのゴスロリ乙女

ハネの参考イラスト

オオミスジ

レア度 ★★★　食草 ウメ、ニワウメ、スモモなど（バラ科）

大きな「ミスジチョウ」という意味かな？「ミスジチョウって何？」と聞かれれば「黒地に白い三筋が入っているチョウ」と言う説明になる。ハネを開いて止まると三本の白線があるように見えるからだ。北海道から滋賀県の伊吹山付近まで分布し、梅雨明けしたころに多い。幼虫はウメ、スモモ、プラム、プルーンなどの栽培種を含む多くのサクラ属を食べるので、里山の畑や庭先などで見かけることが多いのだ。離村した場所や荒廃した農地、手入れが行き届いていない庭などは農薬が使われていないので絶好のポイントになっている。

♂は「高校生かよ！」とハズカシくなるほど、♀を探してばかりしている。あきれるのは♀のサナギを発見すると、その場所に止まって♀が羽化するのを待ち構えているのだ。サナギから出てきた途端に交尾成立となるわけで、飛んでいるオオミスジ♀に未婚者はいなそうだ…。幼虫もサナギもカッコよく、終令幼虫（…サナギになる前）は特撮に出てくる怪人に見えてくる。さらに、蛹化すると決めた場所の葉の茎をかじって枯らし、葉が落ちないようにていねいに糸を吐いて枝とつなぐ。そこでサナギになると、枯れ葉そっくりで外敵から発見されにくくなるワケだ。♂のチョウはすぐに♀のサナギを見つけてしまうけどね…！

ハネを開いて止まると、大きな三本のスジ＝ミスジがわかりやすい。

オオミスジ ♂

Column 目が「・」ではなく、目が「×」なゴマダラチョウ

ハネを広げて止まるゴマダラチョウの♂。
Photo by 高橋修吾

あらら…ゴマダラチョウさんったら、樹液のワインを飲み過ぎて酔っぱらって目を回してます…

わぁ～、とうとう×印が出て倒れてしまいましたよ！飲み過ぎ注意ですぅ～～しっかり～！

ゴマダラチョウ ♂

食草 エノキ（ニレ科）
春（5月末～6月）と夏（8月以降）に羽化するが、春型のほうが大きくなる。
オオムラサキと近縁のチョウ。

チョウの目は複眼といって、小さな目がたくさん集まってできている。ゴマダラチョウの目には、偽瞳孔という黒い点があるので、角度によってはバッテンの模様のように見えるのだ。

美ちょうちょ世界の平和のために人知れず隠密活動を続けるくのいち。木の葉を巻き上げながら高所を舞う！

Illustration by マニャ子

コノハチョウ 忍び装束で敵を翻弄するドジっ子スパイ

ベトナムにもコノハチョウが生息している。派手な表の色がチラッと見えている様子。

緑の葉に止まると枯れ葉模様でも意外に目立つ。
Photo by 工藤忠

コノハチョウ

レア度 ★★★　食草 キナワスズムシソウ、セイタカスズムシソウ、オギノツメなど（ゴマノハグサ科）

先島諸島（さきしましょとう）、沖縄群島、徳之島（とくのしま）、沖永良部島（おきのえらぶじま）などで見られる。海外では熱帯に分布。
このチョウの名前は、見た目がそのまま「葉っぱ」なので説明は不要！ ☆3個なのは多い時期、少ない時期があっても一年中成虫が飛び、南の島に行けば見られるからだ。沖縄県では県指定の天然記念物だが、決して珍しいチョウではない。枯葉に似せて外敵から逃れている「擬態（ぎたい）」で有名だが、果たして本当に枯葉に化けているのだろうか？？ 非常に似ているのは確かだが、緑の葉上でハネを開いて止まったり、木の幹などにも止まることが多い。通常説明されている擬態では、枯葉に止まっていなければ説明がつかないはずだ。枯葉色の裏面はジャングルの中では確かに目立たないが、表面は打って変わってオレンジと紫色の幻光だ！ 実際はとても派手なチョウで目立つのだ。ハネを閉じて樹液などで吸汁しているところを鳥などに襲われると、急にハネを広げて飛んで逃げるワケだ。その時、急に派手な模様が目の前に現れれば鳥は驚くのではないだろうか？
有名なモルフォチョウも裏面は枯葉色で、表面は金属光沢のある青色でとても派手だ。派手な色と地味な枯葉色を交互に見せながら羽ばたき、派手→地味→ピカッ→消える→ピカッ→消える…を繰り返し、外敵に目標を定めさせないようにしているのだ。コノハチョウも同じだと思われるが、どうだろうか？
幼虫はゴマノハグサ科のオキナワスズムシソウ、オギノツメなどを食べる。中でもオギノツメは熱帯魚の水草（ハイグロフィラ サリチフォリア）で、水槽の中によく植えられる。この草は湿地の植物なので、水中でも陸上でも育つ。

コノハチョウは忍者の「水遁（すいとん）の術（じゅつ）」が使えないので、当然、水中に生えてるオギノツメは食べられないのだ（￣ー￣；）！

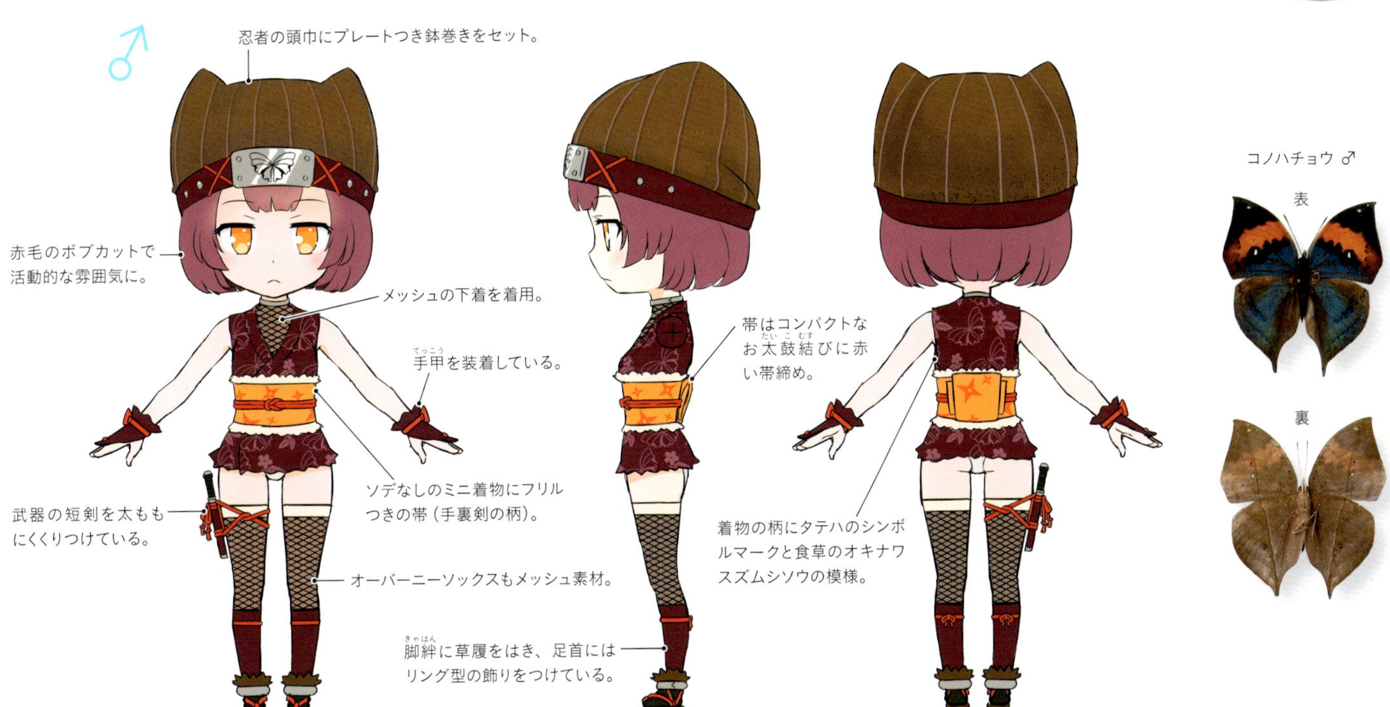

マント着用の場合
マントの表は裏バネの枯れ葉模様でデザイン。
4枚のハネを使っている。
表バネ模様はキラキラの金属光沢で美麗。
全身をすっぽり覆うほど大きい。

マントの構造
ハネの参考イラスト
裏
表
マントとは別パーツになったスヌード（ネックウォーマー）
表面は鮮やかなオレンジ色と紫色。
裏
緑のラインで翅脈を描き込んでいる。
葉脈に見えるが、模様なので立体感はない。

キマダラモドキ 迷彩服に身を固めたミリタリーガール

白っぽい黄色の地色に大小の目玉模様が並ぶ。

キマダラモドキ

レア度 ★★★　食草 各種のイネ科やカヤツリグサ科

キマダラモドキとは「キマダラヒカゲ」というタテハチョウに似ているが違うという意味だと思う。分布は北海道の渡島半島。本州では青森以南、中部地方山地までは産地が多い。近畿、中国、四国、九州では山地に少ないながら見られるが、どこにでもいる種ではない。♂は7月に見られる。♀も7月に発生するが交尾をするとすぐに夏眠してしまい、8月末に産卵のために再度現れる。幼虫のエサとして各種のイネ科やカヤツリグサ科の名前が図鑑には出ているが、私が♀の産卵を見たのはイネ科のヤマカモジグサだけだ。産卵を確認できた植物は限られるので、♀の好みはうるさいようだ。
秋に産卵された卵はダラダラと孵化し、幼虫はそのままエサを食べずに越冬する。春になると図鑑に出ている通りにイネ科やカヤツリグサ科の多くの植物をえり好みなく食べ、ススキやトウモロコシなどにも幼虫が見られる。どうも産卵用の植物と成長用の食草が異なるように思える。

クヌギの木の根元で樹液を吸う♂。

樹液に集まるのがわかっていてもなかなか出会えないチョウなのだ！実は夜明けや夕暮れの薄暗い時間、天気が悪く小雨が降っているような時が最高のタイミングという、非常に曲者のチョウだからだ

キマダラモドキさん、ライフル銃を愛用していらっしゃるんですねぇ。これから小雨の中を仲間とサバゲーにお出かけだそうですよ、気をつけていってらっしゃ〜いぃ

交尾中の♂と♀。

ベニヒカゲ ファンタジー世界に住む火属性の魔女

ベニヒカゲ

レア度 ★★★☆　食草 各種のイネ科やカヤツリグサ科

花に止まったベニヒカゲの♀。

ヒカゲとつくが日陰が好きなワケではなく、ヒカゲチョウの仲間でくすんだ紅色の紋があるよ、という意味。よく「高山蝶」として紹介されるが高山帯（中部山岳の標高2,500m以上の地域）に生息しているのではなく、北海道では平地に近い山に多く、北部では海岸に近い草地でも見られる。東北、本州中部にかけては高原状の標高2,000m前後のスキー場や牧場などで多数見ることがある。ただし、不連続で地域限定だ。秋を感じると羽化するので、気温の低い北海道から東北、本州中部の順番で発生する。さらに標高も高い場所から低い場所へと順次発生していくが、緯度と高度の組み合わせなので少し複雑になる（7月中旬～8月下旬）。
斑紋にはいろいろな地域ごとの変異が見られる。裏面の個体変異が大きく、後ろバネに白色帯、黄色帯、雲形帯、無紋が見られるが、産地によってこれらの出現率が異なる（基本的に♂の裏面後ろバネには紋がない）。

スミナガシ きらめく浴衣の和風美人

小さな幼虫

サナギが昔のオレンジジュースの栓抜きに似ていませんか？

スミナガシ

レア度 ★★★　食草 アワブキ、ミヤマハハソ、イヌビワ、ヤンバルアワブキなど（アワブキ科）

青森以南に分布。海外では熱帯にまで広域に分布している。
「墨流し」とは墨色や色液を水に垂らして、マーブル紋様に染めたもの。その模様とチョウのハネの模様が似ているのでこの名前がついた。日本のチョウで一番『和』の要素が強く、人気投票でも上位に食い込む。ハネの模様も繊細で、高価な墨のような色彩で紫、青、緑みを帯びた何ともいえない奥深い金属的な光沢がある。成虫は樹液などを好んでよく集まる。またストロー状の口が真っ赤なのも印象的だ。幼虫はアワブキ、ミヤマハハソ、南方ではイヌビワ、ヤンバルアワブキなどを食べる。幼虫がなかなかの芸術家で面白い！ 葉脈に沿って糸を吐き、その両サイドを食べながらフンを葉脈に貼りつけて葉を伸ばしていく。伸びた場所を「糞塔」という。さらに葉脈の両側を先端からジグザグに食べ進み、わざと食べ残してモビールのようにぶら下げるのだ。ここに小さな幼虫は隠れながらエサを食べるので、鳥などの捕食者の目を少しはごまかしているかもしれないが、寄生バエにはまったく効果がないようだ。

ストロー状になった口吻（こうふん）の色は真っ赤でよく目立つ。
Photo by 高橋修吾

Column　アカボシゴマダラ…よく見かける外国産は迷蝶か移入種か？

移入種のアカボシゴマダラ。　*Photo by* 高橋修吾

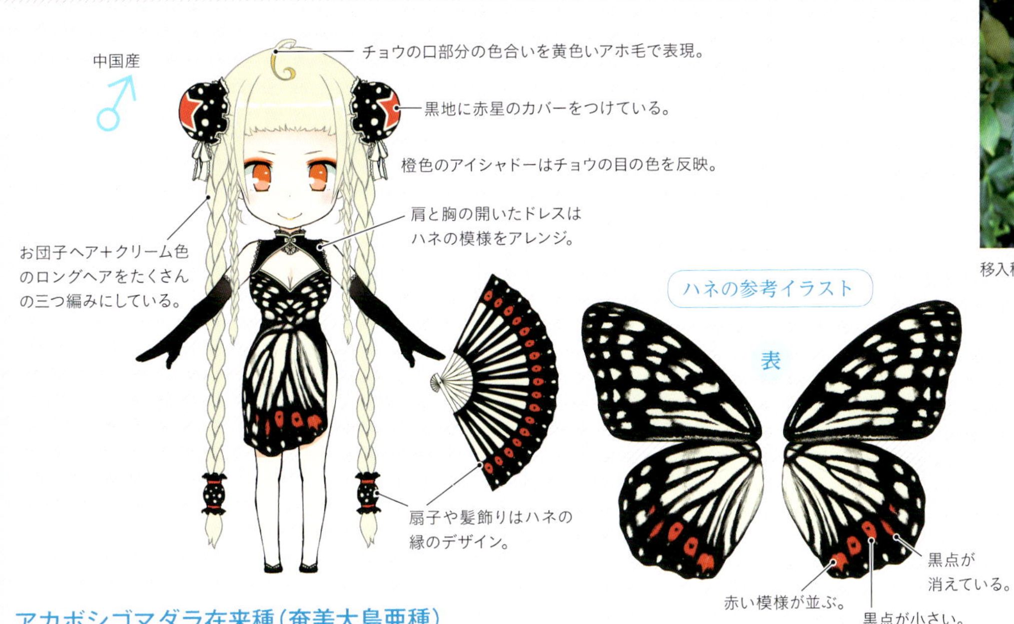

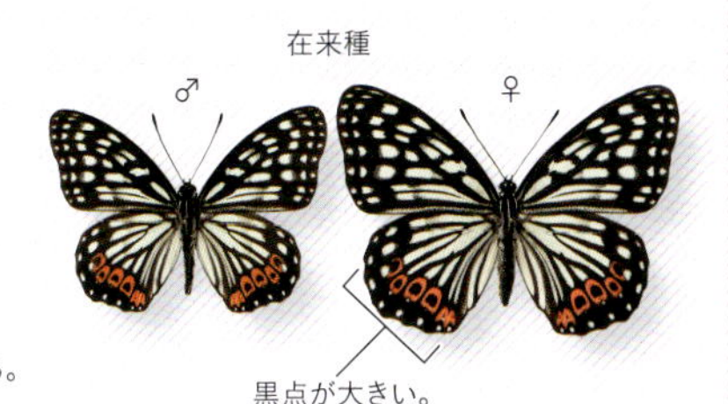

アカボシゴマダラ在来種（奄美大島亜種）

レア度 ★★★　食草 エノキ（ニレ科）

本来の日本における分布は奄美大島とその属島だけに生息するチョウで、奄美まで行けば多くはないが出会えるチョウである。黒と淡い水色で構成された斑紋と後ろバネのはっきりとしたO型の赤紋が特徴である。
近年になって中国産（名義タイプ亜種 で☆1つ）と思われる移入種（人為的に持ち込まれたもの）が関東から急速に分布を広げている。移入種の特徴は春に白化したものが現れること（毒のあるマダラチョウ科やシロチョウ科に擬態していると思われる）。また、白化しない個体でも後ろバネの赤紋がはっきりとしたO型にならず、U型であったり、赤紋の内側の黒紋がないことも多く区別できる（今のところ分布が重ならないので、移入種と間違えることはない）。
関東周辺で急速に分布が広がっているのは自然度の高くない市街地などが中心で、公園や道端に生えてきた小さなエノキを利用している。そのような環境には同じエノキを幼虫のエサにする競合種（オオムラサキやゴマダラチョウ）が都合よく少ない。その上、ライバルは小さなエノキよりもある程度の大きなエノキに産卵するので、中国産アカボシゴマダラにとってはラッキーが重なり、爆発的に増加している。

【注】この移入種を奄美大島に持ち込むことは慎まなければならない。

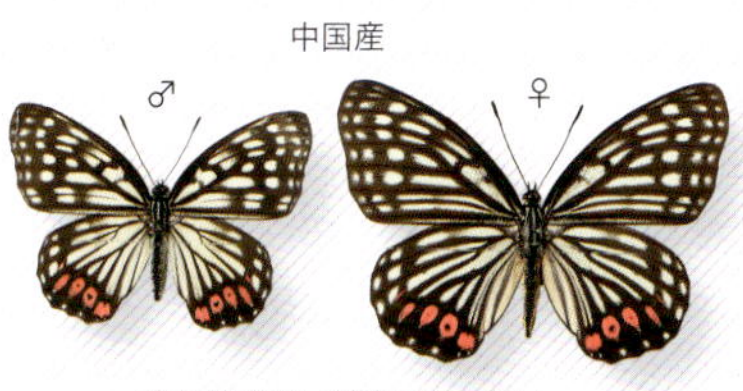

赤い紋がリング状にならない。

春の個体は白化（はっか）したものが現れる。

7 パスカルで表わす

8 せいふじゃないからアウト

注意：切手や紙幣をコピーすることは、法律で禁止されています。

セセリチョウ科

食草となるアワブキの木に飛んで来たアオバセセリ。

Introduction

ぽんぽこ先生が語る『セセリチョウ科』とは？

独特の魅力を持つチョウたち

セセリチョウ科は胴体が太い種が多く、「蛾」のように感じる人が多いと思うが、逆に魅力にはまった人は抜け出せない。セセリチョウ科の幼虫の生態は面白く、巣を作るのだ。ササやススキを食べる種は葉を縦に巻いて筒状の巣を作る。ほかの通常の葉を食べる種は、若葉の縁に糸を掛けてかしわもちのような巣を作ったり、一部分を丸く切り取り、残りの葉に貼りつけて中に潜む種もいる。幼虫はこれらの巣に隠れながら、ときどき外に出て周辺の葉を食べて育つわけだ。さらに巣には穴があり、換気口のような役割やトイレにもなっている（お尻を出してフンを飛ばす）。４つの亜種だが、属レベルの分類が細かくて２６属にも細分化されている。

1 アオバセセリ亜科

2 チャマダラセセリ亜科

3 チョウセンキボシセセリ亜科

4 アカセセリ亜科

属があまりにも多いので、ここでは４つの亜科について説明していくよ

1 アオバセセリ亜科

キバネセセリを除けば南方系の種で大型の種が多く、薄暗い時間を中心に活動している。
飛翔スピードはまるで弾丸のようで、花などで待ち伏せをしないと観察は難しい。

アオバセセリ（p.152参照）

セセリの幼虫が作る巣

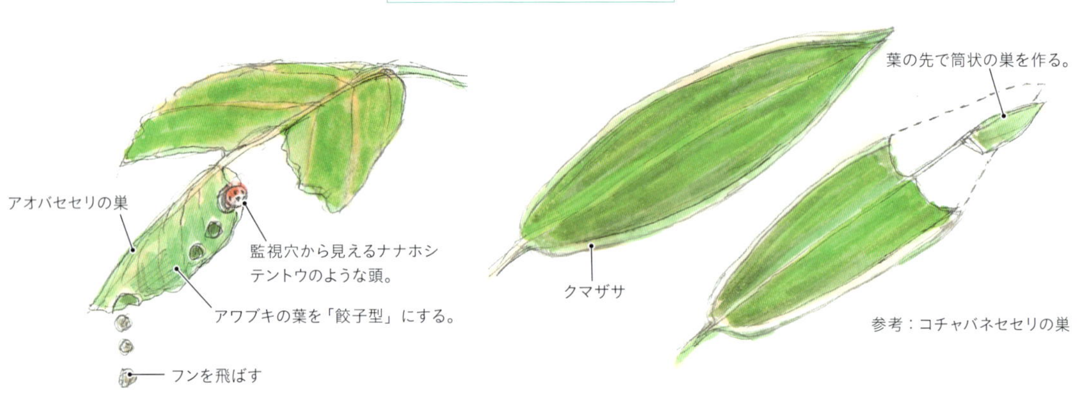

2 チャマダラセセリ亜科

美麗種が多く可愛らしいチョウが多い。
特にチャマダラセセリは可愛いと思う。

チャマダラセセリ（p.154参照）

3 チョウセンキボシセセリ亜科

タカネキマダラセセリやギンイチモンジセセリなどが含まれる。胴体が太いセセリチョウにしてはスマートで繊細な感じがする。このグループは人気者が多い。

タカネキマダラセセリ（p.154参照）
Photo by 小田高平

ギンイチモンジセセリ

4 アカセセリ亜科

これが問題なのだ！ 16もの属に細分化されている。もっと大きなグループ分けでいいと思う。学術的ではないが、茶色に白い点があるチャバネセセリなどのグループ、オレンジに近い褐色にわずかな黒スジや斑紋のあるアカセセリなどのグループ、南方系の大型セセリグループ（バナナセセリ、オオシロモンセセリなど）に分けて眺めればわかりやすいと思う。

イチモンジセセリ（p.152参照）
Photo by 谷村 康弘

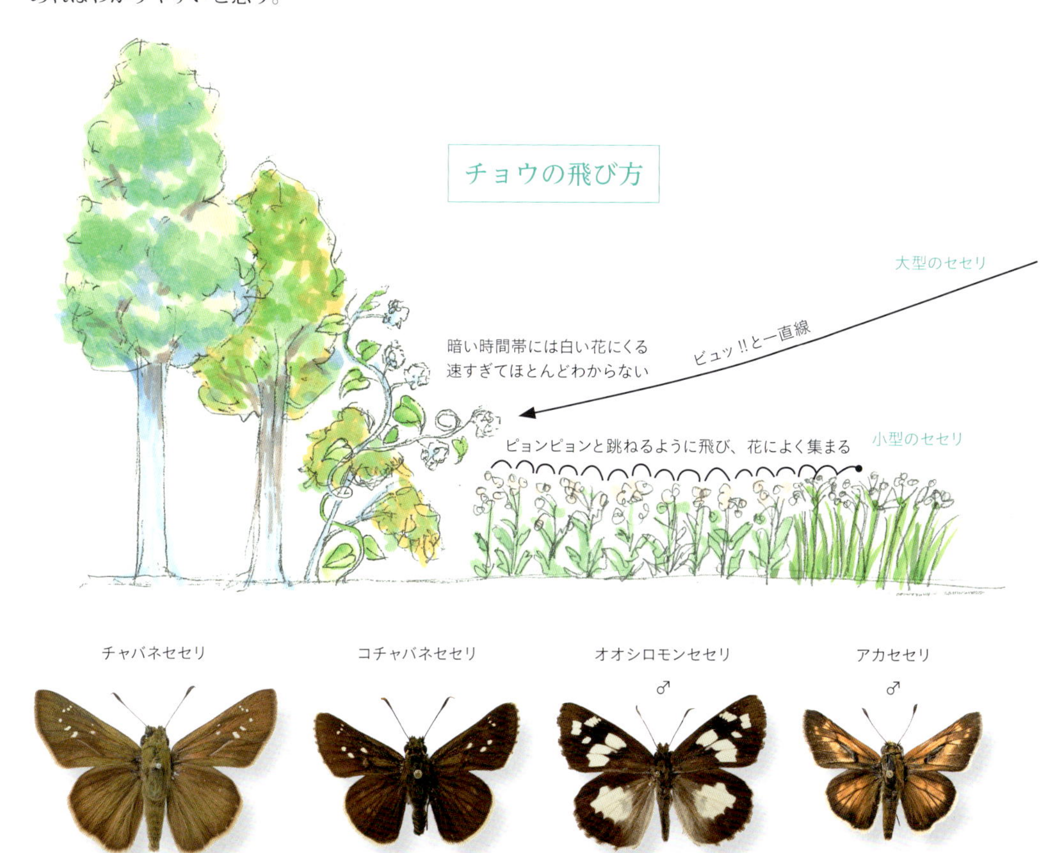

セセリチョウの英名には「茶色のスキッパー」のようにスキッパー（Skippe＝跳ねる）という名前がよく使われている。スキップしているかのような飛び方からその名前がついたのだろう。ほかにもどのような英名があるか調べてみたら「Swift＝アマツバメ、迅速な」、「Dart＝ダーツ、急激な突進」、「Awl＝千枚通し、突き錐（キリ）」という言葉がセセリの特徴の後ろに続いて使用されている（例：Silver-spotted Skipper）。このような名前はセセリチョウの素早い飛び方からつけられた名前だろう。

指に乗るアカセセリ。

アカセセリの集団吸水。

《ぽんぽこ先生からの出題》

セセリチョウ科は標本を眺めるよりも、幼虫の習性や成虫の変わった行動などの生態のほうが絶対に面白いと思う。身近にいるセセリも選んだので、ぜひ観察してみてほしいものだ。

可愛い4種のセセリチョウをピックアップしてみた。それぞれの名前を当ててみよう！

アオバセセリ、イチモンジセセリ、タカネキマダラセセリ、チャマダラセセリという名前だよ。

ファイナルの問題は、超難問ね！ワカバちゃん、わかるかな

ダイナミックなライブのステージでポーズを超カッコよく決めてるダンスチームの皆さん！

ひときわ輝いてる、アオバセセリさんがリーダーなのかなぁ

Illustration by うりも

黄のマダラがタカネキマダラ、白紋がイチモンジ、茶色地にマダラ模様がチャマダラ、青みを帯びたアオバ!

タカネキマダラセセリ

こげ茶の地色に黄の斑紋が入る。

イチモンジセセリ

白い紋が一列に並んでいる。

チャマダラセセリ

表

裏

茶色の地色に白い斑紋がある。

アオバセセリ

表

裏

深い青みのある地色に赤っぽいオレンジ色の斑紋。

どのセセリも大きくてつぶらな黒い目で魅力的ね!

イチモンジセセリは近所でもよく見かけるし、
フカフカのぬいぐるみっぽいからラブリーだわ～

セセリさんたち、おねーさんっぽくって、キレッキレのダンスを見せてくれてますぅ～

おしゃれなステップと振りつけ、教えてもらいたくなりますよねぇ、おへそとおしりも、カッコかわいーでーす

アオバセセリとイチモンジセセリ スポーティーなダンスで魅了するスターたち

アオバセセリとイチモンジセセリの生態…派手なセセリと地味なセセリ

白い花に止まるアオバセセリ。

アオバセセリ

レア度 ★★★☆　食草 アワブキ、ミヤマハハソなど（アワブキ科）

名前はそのまま「青いハネのセセリ」だが、色彩は奥深くて角度によって青の色合いが変化する。後バネの後角にある派手な赤色がたまらない！ 赤紋に黒い点…「う～ん？ 何かに似てるぞ…？」。答えは「ナナホシテントウ」。アブラムシなどを食べる肉食の昆虫で、捕まえると黄色の汁を出す（舐めると強烈に苦くて口の中がおかしくなるので多分、毒虫）。さらに幼虫の頭がよりそっくりなのに驚く!! 青森以南の全土に分布し、里山などに見られる。幼虫のエサはスミナガシと同じ食樹なので分布も同じ。幼虫が巣を作るところまでも、縁もゆかりもないスミナガシに似ている。それが気にくわないのか、元祖スミナガシがアオバセセリを追いかけまわす様子が学会に報告されている。
木の先端部の新芽に産卵し、孵化した幼虫は葉を糸で縁を綴ってしまう。葉の縁をとじ合わされた新芽が成長すると「餃子型」になる。幼虫はこの中に潜んで生活する。この幼虫はなかなか頭が良く（本能なので考えてはいないが…）、巣に丸い穴を開けて換気口&監視穴&トイレにしている。この穴からお尻だけを出して外にフンを飛ばすのだ！ さらに面白い行動があり、巣を触ると寄生バエなどの外敵だと思うのか、『ポン！』と音を出して驚かす。これは頭を巣の壁に叩きつけて発する音で軽い振動もあって効果的だと思う。さらにトイレの穴（監視口）から外を覗（のぞ）くこともあり、頭が毒虫のナナホシテントウそっくりに擬態しているのでさらに効果はあるだろう！
数は少なくないが出会いが少なく、珍しいと思う人が多い。実はこのチョウの活動時間が山に人がいない時間帯なのだ！ 夜明け前～夜明け直後、夕日が沈む時間、夕立の降る直前で暗くなったときが活動時間。そんなときには山で虫など探す人は少なく、「珍しい」と思われてしまうワケだ。初夏や真夏の薄暗い時間に、川に近い林道で咲く白い花の前で待ち伏せがおススメ！

アオバセセリの幼虫がつくる餃子型の巣。

イチモンジセセリ

レア度 ★　食草 イネ、ススキなど（イネ科）

白い点が一列に並ぶセセリチョウ。全国分布だが寒い場所は少ない。メインの食草のイネは熱帯地方が起源の南方の植物なので、このチョウも南方が生活圏の中心だ。近代になって稲作が北海道でも行われ、飛翔力の強いイチモンジセセリは秋口にかけて「北へ北へ…」と広がり、年によっては北海道でも見られる。ただし、北へやって来た個体の次世代は冬の寒さで死亡してしまう。このような片道切符の移動を「死滅回遊（しめつかいゆう）」という。
このチョウは都会のビルに囲まれた公園などでも秋になれば必ず見ることができる。街路樹の根元などによく植えられるアベリアの花に多く集まり、花の中に頭を突っ込んで蜜を吸う。数も多くて子供でも指でつまめるので、いい遊び相手になってくれた。

タムラソウ（アザミの仲間）で蜜を吸う。裏バネに白点が一文字に並ぶのがよくわかる。

イチモンジセセリの求愛シーン！ ♂は♀のお腹を触角でサワサワ…と触っていた。♀が嫌がって移動してもこの体勢を維持し続けること30分！ ♀は急に高速で飛び去り、モテない♂は置いていかれたのであった。

タカネキマダラとチャマダラセセリ 圧倒的な演技力のダンサーたち

タカネキマダラセセリ 

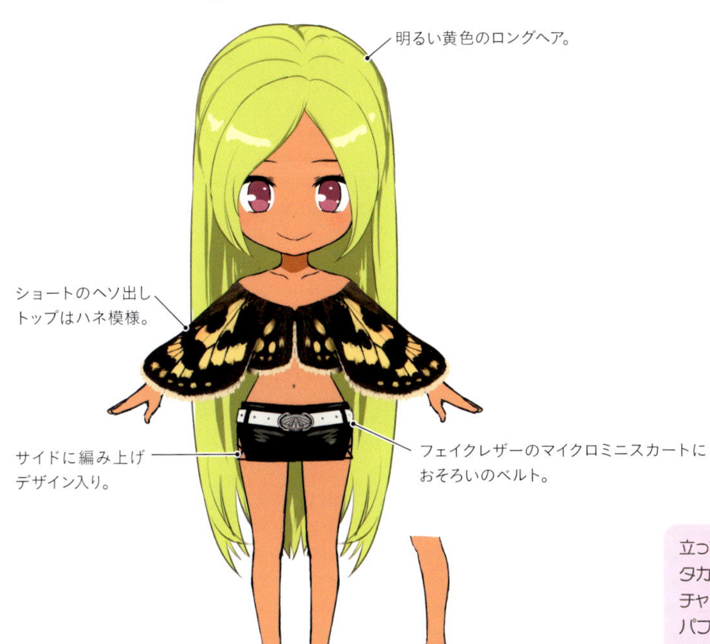

ハネの参考イラスト

黒っぽい茶の地色に黄色のマダラ模様。

立っているだけで絵になるぅ、
タカネキマダラさんは、肩も…脚の曲線美もすばらしーです
チャマダラさんは、おちゃめで魅力的!
パフォーマンス力、高いグループですねぇ
ふぁ～もっともっと、ずーっとライブを見ていたいです

チャマダラセセリ(春型) 

ハネの参考イラスト

表

白斑が大きめのものが春型。夏型はやや小さくなる。

裏

タカネキマダラセセリとチャマダラセセリの生態…どちらも超レアな美セセリ

サナギもカッコイイ！

タカネキマダラセセリ

レア度 ★★★★★　　食草 イワノカリヤス（イネ科）

高嶺（タカネ）に住む黄色いマダラのセセリという意味。珍しいので値打ちが高いのかな？ 北アルプスなどの沢の源頭部で発達した草地、雪崩などで木が育たない急な沢沿いの草地、岩場の岩棚や割れ目の草地などの標高1,600m ～ 2,500mほどの場所に生息する、非常に分布の狭い珍チョウ。北アルプスの槍・穂高岳周辺、北アルプスの常念岳周辺、北アルプスの黒部方面、南アルプスの仙丈岳周辺に生息しているといわれている。ほかの山にもいるかもしれないが、北アルプスと南アルプス以外には生息していない。南アルプスでは鹿が増えすぎて幼虫のエサを食いつくして絶滅寸前になってしまったため、近年は見られなくなっている。

雪が早く消えた場所から順次発生をしていくので、発生時期は6月20日～8月中旬。いかにも高山蝶で、一年目の冬は小さな幼虫で越冬。2年目の冬は大きな幼虫で越冬し、雪が消えるとエサを食べずにサナギになってすぐに羽化する。寒いので親になるまで足掛け3年もかかってしまうのだ。また、発生地のお花畑や草地に行っても、初めはなかなか出会えないはず！ ほかのチョウのように探しまくって歩いても出会えない。ハクサンフウロという花の前でひたすら待ち続けるのだ！ 1匹やってきたらその花には次々に飛来してくる。その1匹目が飛来する花がどれなのか？ その場所がどこなのかは…命がけで探さないといけないので当然☆は多くなる。

タカネキマダラセセリがクガイソウでハネを開いて吸蜜。　*Photo by* 小田高平

チャマダラセセリ

レア度 北海道・岩手・福島・岩手 ★★★★　その他本州★★★★★＋

食草 キジムシロ、ミツバツチグリ、キンミズヒキなど（バラ科）

四国は絶滅してしまった。各地で姿を消している。非常に小型で飛んでいる姿はまるでハエ！ すぐに見失ってしまう。長野県や岐阜県でも限りなく絶滅に近い状態だ。茶色のハネに細やかな白い点がちりばめられ、北の大地やヨーロッパを連想させられる「美ちょうちょ」だ（このイメージは私だけかも？）。幼虫のエサはイチゴなどに近いバラ科の植物。牧草地や耕作地周辺の荒地や火入れなどの管理がされている草原に生息している。現在は農業の機械化や除草剤などで雑草が駆除されてしまってエサがなくなってきたこと、耕作地の放棄や草原の放置によって生息できる草丈の低い草原がなくなったのが激減の原因である。とにかく絶滅してしまいそうな、危うい状態であるのは間違いない。

裏側も非常にシックな色合い!!

葉に止まるチャマダラセセリ。

チャマダラセセリはこんな環境に生息している。

9 昔取った杵柄

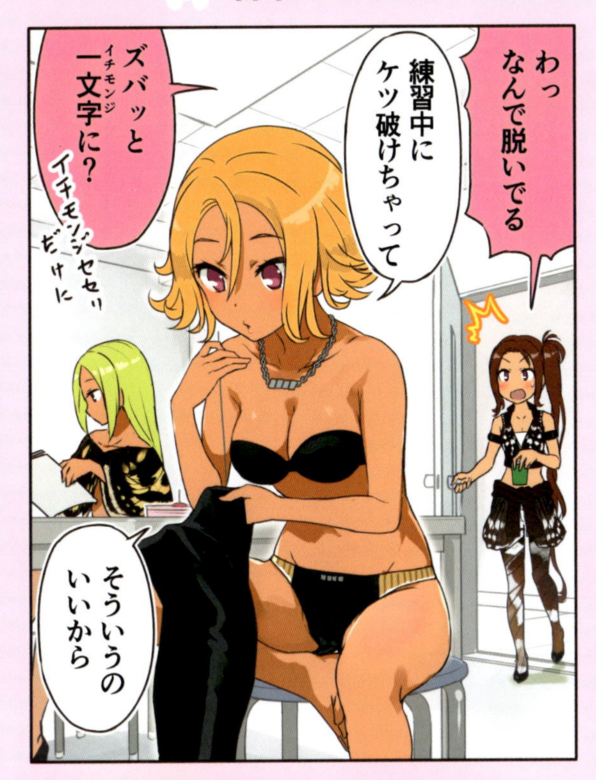

10 三つ子の魂百まで

アオバセセリの幼虫、お尻じゃなくて頭のほうが「ナナホシテントウ」そっくりなんです。念のため…（ぽんぽこ先生より）。

『新入生歓迎☆初心者体験ツアー』を終えて…

ふう、色んなチョウを見てきたね～
全国に散らばってる生息地をこれだけたくさん一気に周れるのも、
この原っぱ村の不思議な力のおかげだね

ほんとです。
イメージはかどりすぎて、
スケブもぱんぱんです！

昆虫研究してるハナ先輩のお兄さんが東南アジアから帰ってきたら、
私にもいろんな虫たちのお話聞かせてもらいたいですぅ～～。
次の観察旅行はチョウも甲虫も、もっとたくさん見たいですね！

じゃあ、今からハナさんのお兄さんがいる
東南アジアに行ってみる？

え～っ、ぽんせんせー、海外にも繋がってるの？
すぐに兄さんに会いにいきたーいぃ！
ワカバちゃん、私の大事な兄さんだから、
あんまりくっついちゃダメだからね！

それじゃあ、出発だ。
もっと驚くような形や色、面白い生態の虫たちが待ってるよ！

11 チョウの巫女

12 ヒトの巫女

イラストレーター紹介

（敬称略・50音順）

OrGA（おるが）

HP http://organ-derwald.tumblr.com
pixiv http://www.pixiv.net/member.php?id=29933
twitter https://twitter.com/organ_derwald

☞ メスグロヒョウモン（p.104）

蟹丹（かにたん）

HP http://b-create.asablo.jp/blog/
pixiv http://www.pixiv.net/member.php?id=201008
twitter https://twitter.com/kanitoon

☞ クジャクチョウ（p.126）

ゾウノセ（ぞうのせ）

HP http://zounose.jugem.jp/
pixiv http://www.pixiv.net/member.php?id=2622803
twitter https://twitter.com/zounose

☞ クモマツマキチョウ（p.40）

七六（ななろく）

HP http://fortress76.com
pixiv http://www.pixiv.net/member.php?id=7463
twitter https://twitter.com/nanaroku76

☞ アオタテハモドキ（p.122）

鍋島テツヒロ（なべしまてつひろ）

HP http://lunadeluna.blog.shinobi.jp
pixiv http://www.pixiv.net/member.php?id=184153
twitter https://twitter.com/n_shima

☞ エゾシロチョウ（p.48）

ひそな

HP http://suoiretsym.com
pixiv http://www.pixiv.net/member.php?id=173260
twitter https://twitter.com/Hisona_

☞ キベリタテハ、ルリタテハ（p.116）

ひなたもも

HP http://hinamomo.com
pixiv http://www.pixiv.net/member.php?id=199750
twitter https://twitter.com/unchos

☞ オオムラサキ、コムラサキ（p.130）

藤ちょこ（ふじちょこ）

HP http://www.fuzichoco.com/
pixiv http://www.pixiv.net/member.php?id=27517
twitter https://twitter.com/fuzichoco

☞ ウラギンシジミ（p.72）

藤真拓哉（ふじまたくや）

HP http://www.fujimatakuya.com
pixiv http://www.pixiv.net/member.php?id=22526
twitter https://twitter.com/fujimatakuya?ref_src=twsrc^tfw

☞ モンシロチョウ、ヒメシロチョウ、スジグロシロチョウ（p.54）

北熊（ほくゆう）

HP http://hokuyuu.tumblr.com/
pixiv http://www.pixiv.net/member.php?id=138842
twitter https://twitter.com/hokuyuu

☞ ミヤマカラスアゲハ（p.30）

松田硯（まつだすずり）

HP http://leemh.blog88.fc2.com/
pixiv http://www.pixiv.net/member.php?id=168265
twitter https://twitter.com/red_18

☞ アサギマダラ、オオイチモンジ（p.110）

マニャ子（まにゃこ）

HP http://mohu.is-mine.net/index.html
pixiv http://www.pixiv.net/member.php?id=5324
twitter https://twitter.com/manyak

☞ コノハチョウ（p.138）

三田麻央（NMB48）
（みたまお）

HP http://www.nmb48.com/member/mita_mao/
twitter https://twitter.com/kyunmao_m99

☞ アゲハ（p.18）

もとみやみつき

HP http://rh3.chips.jp/frac/
pixiv http://www.pixiv.net/member.php?id=316240
twitter https://twitter.com/frac_m

☞ ナガサキアゲハ（p.26）

ユウズィ（ゆうずぃ）

pixiv http://www.pixiv.net/member.php?id=203261
twitter https://twitter.com/y_yujirushi

☞ アカシジミ、チョウセンアカシジミ、ウラナミアカシジミ（p.92）

協力者紹介
（敬称略・50音順）

生態写真協力

青木由親
「ふしあな日記」
Blog http://spatica.blog60.fc2.com/

小田高平
「安曇野の蝶と自然」
Blog http://kmkurobe.exblog.jp

工藤誠也　工藤忠
「青森の蝶たち」
HP http://ze-ph.sakura.ne.jp/
Blog http://ze-ph.sakura.ne.jp/zeph-blog/

高橋修吾（日本水彩連盟会員）

中村なおみ（パルナ）

林晃（Go office）
HP http://www.go-office.jp/
Blog http://gooffice.blog79.fc2.com/

山口修

リゾートペンション山の上
高橋賢一　高橋司
HP http://www.p-yamanoue.com/
「層雲峡.com」
Blog http://www.sounkyo.com
撮影：**宮下**

キャラクター協力

下妻市イメージキャラクター「シモンちゃん」
茨城県下妻市 市長公室企画課
HP http://www.city.shimotsuma.lg.jp/page/page000589.html

画材協力

マルマン株式会社「図案スケッチブック」
HP http://www.e-maruman.co.jp

キャラクターデザイナー紹介

うりも

イラストレーター・デザイナー。ライトノベルやゲームのパッケージイラスト、ゲームのキャラクターデザインやプロップデザイン、玩具企画のデザインスケッチなどで活動中。
PS Vita「ねぷねぷ☆コネクト カオスチャンプル」（コンパイルハート）イラスト参加／PS Vita「英雄伝説 空の軌跡 FC Evolution」（角川ゲームス）パッケージイラストほか／ニンテンドー3DS「ガイストクラッシャー」（カプコン）デザイン協力／ライトノベル「いっき -LEGEND OF TAKEYARI MASTER-」（桜ノ杜ぶんこ）カバーイラスト・本文挿絵／ライトノベル「超次元ゲイム ネプテューヌ はいすくーる」（桜ノ杜ぶんこ）本文挿絵
ほか多数のキャラクター作品を手がける。

pixiv http://www.pixiv.net/member.php?id=35809
twitter https://twitter.com/ShiitakeUrimo

監修者紹介

山本勝之（やまもと かつゆき）

生まれも育ちも下町・浅草。
3歳から夏の間は山梨県丹波山村のキャンプ場で修業を重ねる。
その成果で、1977年東京農業大学林学科に潜り込み、同時に憧れの昆虫学研究室でさらに修行を行う。専門はチョウ。好きな虫は「変な虫全般」。
卒業後、子供たちの野外活動の企画・運営を行い「かぶとむし探検隊」でヒットを飛ばすも、虫の誘惑に勝てず、1991年秋より八ヶ岳・原村で「ペンション・ファーブル」を営みながら、現在も虫三昧の日々。
facebook https://www.facebook.com/6464.fabre/

あとがき

夢のようなキャラクターと現実のチョウが交錯する「美ちょうちょ図鑑」は、野山に生きている実際のチョウを見分けるガイドブックとして楽しんでくださる方もいれば、絵を描くための参考資料として見ていただく方もいるかと思います。本書の案内役の一行は東南アジアの昆虫ツアーへと引き続き出かけて行きましたが、日本には250種ものチョウが生息していて、本書でキャラクター化した約50種類のチョウはほんの一角にすぎません。
キャラクターデザイナーのうりも氏が手がけた設定画に基づき、素晴らしい作品を描いてくださったイラストレーターの皆様と貴重な生態写真を提供してくださった皆様のおかげでいきいきとした美ちょうちょの姿が浮かび上がってきました。生態の解説を担当した「ぽんぽこ先生」こと監修者の山本勝之氏のユニークな視点が、より一層チョウの姿に実体を与えてくださったことを感謝いたします。

山本氏が危惧するように、草原や里山は消え、森林が放置されたために絶滅の危機にあるチョウも多数います。美ちょうちょたちの生息環境はヒトの生活様式の変化によって大きく影響を受けているのです。美ちょうちょ世界からヒトに向けて声を届けて交信しようとしているのは、「相互繁栄」の切なる願いです。身の回りの生物に目を向け、環境の変化に注意をはらうことがヒトの役割だと訴えかけているのだと思います。そして、ヒトのためだけにほかの生物がいるのではないと気づけば、世界や地球環境をとらえる見方が変わってくるでしょう。懸命に生きる姿でヒトを励ましてくれる小さな隣人、昆虫に敬意を持って観察していきたいものです。

角丸つぶら

●編集

角丸つぶら（かどまる つぶら）

物心ついてからずっとスケッチやデッサンに親しみ、中学と高校では美術部部長を務める。実質はマンガ研究会兼ガンダム懇談会と化していた美術部と部員を守護し、現在活躍中のゲームやアニメ関係のクリエーターを育成。自身は東京芸術大学美術学部で映像表現や現代美術全盛の中、油絵を学ぶ。
『人物を描く基本』『水彩画を描くきほん』『カード絵師の仕事』『アナログ絵師たちの東方イラストテクニック』『ロボットを描く基本』『人物クロッキーの基本』のほか、『萌えキャラクターの描き方』『萌え ふたりの描き方』シリーズなどを担当。

本書のp.4、p.8～9、p.12～13、p.38～39、p.45、p.70～71、p.82、p.102～103、p.121、p.146～147のさし絵担当。

●企画………… 谷村 康弘〔ホビージャパン〕

●全体構成 … 久松 緑〔ホビージャパン〕

●監修………… 山本 勝之

●表紙デザイン・本文レイアウト … 広田 正康

●キャラクター性格設定協力 ……… 難波 智裕〔レミック〕

●標本撮影 … 今井 康夫

美ちょうちょ図鑑

もしも、四季折々に舞うチョウが美少女だったなら…

2016年10月31日　初版発行

キャラクターデザイン　うりも
編集　角丸 つぶら

発行人　松下大介
発行所　株式会社ホビージャパン
〒151-0053　東京都渋谷区代々木2-15-8
電話　03-5354-7403（編集）
電話　03-5304-9112（営業）
印刷所　株式会社廣済堂

Printed in Japan
ISBN978-4-7986-1303-1　C0076